Principio de Incertidumbre

by

Isidro Duarte Oteron

x

authorHOUSE®

AuthorHouse™
1663 Liberty Drive, Suite 200
Bloomington, IN 47403
www.authorhouse.com
Phone: 1-800-839-8640

First published by AuthorHouse 9/26/2007

ISBN: 978-1-4343-2891-5 (sc)

Printed in the United States of America
Bloomington, Indiana

This book is printed on acid-free paper.

Cruces, Cuba.
1975

CAPITULO   I

Que' es el hombre?... Según el divino Hesiodo, el hombre es progenie de Deucalion... Según la Biblia el hombre es hijo de Dios... Y el cientifico Charles Darwin afirma que el ser humano es descendiente del mono... Que' es entonces el hombre?... .El hombre no es mas que un atomo de fatalidad; en cuyo núcleo se concentran la politica y la religión, y a su alrededor gira la mujer como un electrón negativo...Y si este atomo de fatalidad es producto del planeta tierra, y 'esta a la vez es una secuela del sol; por propiedad derivativa el hombre es oriundo del sol.

Ay, ay, ay, el hombre es un experimento equivocado de la indagación de la naturaleza...Es sin lugar a dudas un ser débil, defectuoso, y sobre todo, ingenuo...No hay mas miseria andante sobre la tierra que un hombre... Todas las desgracias que se ciernen sobre la desnivelada faz del globo terráqueo, caen sobre la cabeza obtusa del hombre y lo convierten en esclavo...No hay mas ejemplo patente que la desgracia del divino Prometeo...Asi dicen tambien que la estatua de piedra del gerrero Memnon, la cual herida por los rayos celestes, emite ecos semejantes a la voz humana.

CB

El segundo domingo del mes de Mayo, es considerado mundialmente como el dia especial de las madres. Es un dia en que todas las mujeres que han experimentado la inexpresable e inolvidable vivencia de parir hijos, atesoran en una parte recondita de sus hieraticos corazones, aquel sublime recuerdo en que vieron por primera vez brotar de sus mortales entranas el anhelado vastago que amarian para toda la vida. En virtud de una delicadeza refinada, se deleitan en este momento, de invocar aquella dulce memoria. Pero desafortunadamente existen madres que no disfrutan la misma ventura. Hay madres que por mandato del hado divino, sufren penosas aflicciones..

Este es el caso de Rafaela Garriga Morales, mas conocida por Fela. Una mujer bellisima de un alma sublime. Ella de ninguna manera podia contarse entre las madres dichosas. Existia una fuerte razo'n para corroborar este planteamiento. Habia tenido 3 hijos; pero el tercero, tuvo que entregarlo a un matrimonio de edad avanzada que residian en las montanosas laderas de un pueblo llamado Potrerillo, donde las frutas crecen en inconmesurable nivel, y las abejas laboriosas en su cotidiano vaiven, elaboran la deliciosa miel que serviria luego de inefable lenitivo para las gargantas de los eximios poetas... Este susodicho terruno, estaba situado a unos 17 kilometros de la comarca de Cruces, donde habitaba Fela.

Ella vivia perennemente con una inmensa pena clavada en su alma, su vastago Bartolito, el mas pequeño de los 3 hijos, residia apartado de ella…Pero que' delito se le puede imputar a un infante que nace por un azar del \rato de placer erotico entre el padre y la madre?... Cuya prole ajena a este instante de delirio, sale a la luz del dia arrastrando un halo de constante inseguridad...Cual seguridad pudiera haber entre un encuentro incierto entre el ovulo femenino y el espermatozoide masculino?... Cuando de hecho son 100 millones de espermatozoides que se lanzan a la captura del ovulo, y solamente es uno el que se deja engatusar...Asi mismo la hembra se comporta en la vida social, de 100 millones de hombres que se echa encima, mero hay uno que le rompe el corazon.. Si, y solo si, este unico macho que le quiebra el alma, es un ser raro, asceta, que el vulgo llama:"solitario".

Ese señalado dia ella estaba en su morada de Cruces, sentada en un antiguo sillón de balancines compactos que le habia fabricado su vecino Joaquin Reyes Santana. Usaba en ese instante un sencillo atuendo de tela fina color blanco . Se hallaba en un costado de su casa, en un zaguán sin techo; pero que tenia para protegerse de la incidencia canicular, una frondosa mata de manga blanca. A medida que sus cansados pies, forrados de zapatos elaborados por las toscas manos de Ezequiel Sarduy, se apoyaban en el pavimentado piso para poder mover el mueble a su antojo. Su extenuado pensamiento recorria de un lado a otro de su congestionada cabeza sin poder hallar un punto fijo para poder reposar. Las ideas se agolpaban en su mente, como vorticosas corrientes de un caudaloso rio que, sin lugar a dudas, no es el mismo sonoro rio Satnois que bana la escarpada ciudad que vio' nacer a Elatos, muerto por la filosa lanza de Agamenon, rey de los heroes.

A la sazo'n, ella estaba vestida de una bata casual sencilla, idonea para desempenar las labores cotidianas de la casa. Como quiera ella no necesitaba adornarse mucho; ya que la madre naturaleza le habia concedido una beldad incomparable. Ahora que contaba con la madura edad de 47 anos, y que el horrible tiempo mas los sufrimientos recibidos, habian hecho cierto desgaste en su hermosa

3

fisonomia, aun mantenia aquella belleza que mero se podia apreciar en los retablos de Tiziano.

En el interin que mecia su rustico sillo'n, su melosa mirada persistia en leer una y otra vez , un telegrama procedente del Departamento del Estado dirigido a su tercer hijo Pedro Bartolito. El papel decia:" PRESENTARSE URGENTEMENTE EN LA OFICINA DEL ESTADO MAYOR DE LA HABANA."…A Fela nunca le gusto' la capital de Cuba. Ella siempre aducia que las ciudades corrompen el instinto de los hombres, alli se convertian en fieras, la necesidad, la miseria, la envidia, eran terrenos de combate donde el que triunfaba se adornaba las sienes con la corona de la arrogancia. Se veia raro que una mujer pensara de este modo; porque a las hembras no les gusta el campo, a ellas les fascina el pavimento. En las metropolis esta' su currículo vitae: el chisme, la corrupción, el desprestigio. A pesar de que Fela no tuvo mucha instrucción academica, puesto que desafortunadamente perdio' a su padre desde muy temprana edad, y la madre no la forzaba ir a la escuela; sin embargo, poseia una inteligencia natural que muchas personas cercanas a ella, la admiraban.

Al observar el telegrama una vez mas, no podia apartar de su mente aquella vez que una hechicera nombrada Chiquitica, le habia vaticinado que su tercer embarazo, si no se deshacia de e'l, iba a traer graves consecuencias para el resto de toda la familia. No es cosa fa'cil para una madre desligarse de un hijo; es algo asi como arrancarse el alma del pecho; pero para el bienestar de los otros 2 hijos anteriores, ella decidio' bajo el consentimiento de su esposo Juan Sotolongo, entregar el recien nacido a una pareja de ancianos que habian inmigrado desde su pais natal Checoslovaquia huyendo de la persecución de los asesinos nazis; y ahora residian en las boscosas montanas de Potrerillo. Poco tiempo después de que la pareja de

inmigrados se instalo en la campina de Potrerillo, fenecio'
la esposa y el viejo quedo' solo… Hacia ya 17 anos que
esto habia sucedido, y si bien ambos seres, madre e hijo,
mantenian una estrecha relacio'n familiar; jama's se pudo
componer la total felicidad de la familia. Ella por tenerlo
separado del hogar, y el muchacho por haberse criado
aislado de sus verdaderos padres.

Si bien el estado de animo de la senora revelabase
bastante turbado; empero, a su alrededor manifestabase
un mundo natural repleto de admiración. Encima de
ella, en la copa de la mata de manga blanca, un alegre
sing-songte entonaba una armoniosa melodía que ni el
mismo musico Damon, seria capaz de igualarlo. Pero la
relativa concordia nunca esta' exenta de irregularidades…
Todo el tiempo aparecen por doquier esas incidencias de
elementos externos que quebrantan la paz universal…
Cuanto no hubiera deseado el divino Heraclito que su
arroyo dejara de fluir, para no haber sido escarnio de las
malas blasfemias…Y Empedocles, que aquel fosforecente
volcan del Etna, cesara de emanar su ardiente lava,
si hubiera mirado para el sol, no hubiera tenido que
suicidarse…Y que' tal la puntiaguda flecha del eximio
Zenon, la cual jama's llegara a tocar la corteza del arbol…
Oh, sapiencia proteica que todo lo encubres; por que
no te desnudas como la Venus de Milo, y le muestras al
hombre todos tus encantos?

Asuso a todo este paradisiaco panorama, se
manifestaba el cielo limpido, neto, despejado, cual
la boveda palatina de un nino recien nacido. El sol
esplendoroso lucia radiante en su apogeo, fulgurante con
esos edenicos matices sumamente claros y transparentes,
que podia confundir fácilmente con el brillo de las pupilas
de aquella aguila de largo vuelo que un dia rapto' al bello
Ganímedes….El aire fresco alli en la morada de Fela
soplaba lento, vibratorio, dejando eximir un leve sonido

similar a aquellos delicados tonos de "lied", donde los compositores alemanes revelaron su carácter tipico que los hicieron inolvidables en la musica clasica. Verbi gratia, se puede nombrar a Heinrich Isaak de origen flamenco, quien fue un afamado musico de la corte de Innsbruck, y mas tarede paso' a Munich al servicio del Emperador Maximiliano.

Alli en en el tronco de aquella mata de manga blanca, una hedionda lagartija avizoraba tranquila el vuelo versátil de una bella mariposa. A medida que el alado insecto se aproximaba al reptil, este iba adquiriendo paulatinamente un matiz similar a la corteza del arbol, se trataba de un tinte apropiado para el camuflaje. De pronto, la voladora infeliz surco' el eter muy propincuo a las repugnantes fauces del camaleón, y este la devoro'...Son cosas 'estas desagradables de ver, y a'un mas difícil de contar.

Existen muchos tipos de hombres en la sociedad: estan los buenos, los malos, y los regulares...Pero en la realidad ninguno nacio' malo...Que sucedió entonces con el carácter de los mortales de un dia?...La vida misma por ser mujer, presenta una aptitud de inclinación femenina, absorbe al masculino, lo tritura, y lo devuelve metamorfoseado en superavit a la vida social...Es el reciclaje imperecedero de la sociedad, es la constante degradacio'n del hombre...Sin embargo, hay una formula eficaz para solventar los problemas sociales del macho... Se debe por tanto, trabajar arduamente en la memoria de los masculinos...He aquí el gran screto de la vida...La sagrada memoria...No existen hombres malos; sino mala memoria.

Con una baquetilla

De color de jacinto

Porque agil le siga

Me apremiaba Cupido

Ya me llevaba a mares

Ya me llevaba a riscos

Cuando me vi de un aspid

Asaltado y mordido.

El corazon entonces,

Me daba mil latidos

Que a la nariz subian

Con saltos infinitos,

Pero amor con sus alas,

Me toco', y esto dijo:

Mucho sentis la espuela,

Cobarde sois, amigo."

Anacreonte.

ɞ

CAPITULO   II

Alla en las montanosas laderas de Potrerillo, un joven bello, mas bello que Adonis, se banaba en un rio de aguas tranquilas. Siempre jugaba con una pelota en el agua, la hacia girar alrededor de 'el, y no solo observaba los movimientos de traslación y rotacio'n de la esfera; sino que tambien veia un tercer movimiento: el de ondulación. Hasta ese momento, nadie habia descubierto el tercer movimiento de la tierra. A su alrededor un hermoso paisaje se evidenciaba: muchas matas de mango, ciruelas, mamey, mamoncillos, campos de cana, matorrales y flores silvestres. Habia Bartolito trabajado mucho esa manana, y como era el dia de las madres, tenia en plan ir a Cruces a visitar a la mujer que lo pario'. Muchas veces, si, muchas veces cavilaba en su propio destino. A su alrededor siempre se manifestaba la sombra de la incertidumbre; por cuanto a que no comprendia muy bien por que no podia vivir con la madre. Fela le habia explicado a grandes rasgos la respuesta de su pregunta; pero el muchacho no entendia nada en lo absoluto. Su pensamiento estaba adentrado muy profundamente en el estudio de las ciencias, las artes y las letras; que los arcanos del mundo espiritual, le parecia inconcebible. El senor que lo crio' desde el momento en que nacio', era un

9

hombre muy culto, y a pesar que quiso ensenarle de todo un poco, no podia incursionar lo suficiente en el terreno espiritual, como para dotar al joven de una inteligencia espiritual superior.

El cerebro de Pedrito todo el tiempo manifestabase intransigente, las ideas circ ulaban en interminables ondas, vagando por la geometría al algebra, y de aquí al infinito. El mismo semejaba un huracán siempre cargado de tempestad y viento. Un hombre fatal que como un punto perdido en el espacio, se ve obligado a ver a su alrededor, como incide la luz del relámpago, estalla la voz ronca del trueno, y se ve caer la palma fulminada por la centella....Pero tambien por este punto cruzan infinitas rectas....Es menester esclarecer aquí que este muchacho veia derrumbarse todo a su alrededor, y mero se servia del desden que es mil veces mas alto que la piedad...Todo en el comportamiento de Pedrito se exteriorizaba con admiración inaudita; un prodigio de despliegue de alas, y de improvisación hieratica; mas que celica, la fragua que le habia concedido su temple monumental a su natural imagen, habia coadyubado a preservar en el, de una manera inso'lita, la expresión regia de un individuo asceta, y la constante fidelidad a un estudio cientifico.

El anciano que lo crio' se llamaba Laureano Gallo en Cuba; pero habia nacido en Checoslovaquia con el nombre de Mario Levin. El y su difunta esposa, Irene, habian abandonado su pais natal, huyendo del regimen nazi, y se habian instalado en las lomas boscosas de Potrerillo, la tierra mas fértil de Cuba, donde el aguacate se cosecha con la pulpa mas sabrosa del ecumene. El senor Laureano anhelaba la paz, y deseaba a ultranza permanecer alejado de la ciudad. Para su criterio personal, la ciudad pervertia a los hombres, y destruia los principios familiares.

El dia que Fela le entrego' el recien nacido a Laureano, este busco' a una guajira semi-salvaje que habitaba en el monte aledano a su finca, para que mamantara al pequeño. El muchacho fue creciendo bajo un estricto regimen de vida campestre, y a la edad de 17 anos, se veia robusto y sano. Tambien la enseñanza pedagogica se le fue implantada en un sistema severo. Nada podia perturbar su diaria participación en la academia. Habia cursado la primaria en el poblado de Potrerillo, la secundaria en Cruces, y acababa de comenzar el segundo ano de Pre-Universitario en la ciudad de Cienfuegos. Cuando asistia a la secundaria en Cruces, visitaba a su madre mas asiduo; pero ahora que concurria a Cienfuegos no disponia de mucho tiempo. Por ello ahora, que se conmemoraba el dia de las madres, y no tenia que ir a la escuela, tenia en proyecto visitar a Fela.

Asi es que, tan pronto culmino' el bano en el rio, se endoso' ropa interior y exterior limpia, y se traslado' a la casa de Laureano. Alli, mientras tanto aderezaba sus afeites, su padre putativo le ensillaba un hermoso caballo color blanco. El animal era de pura sangre, y no se quedaba quieto ni un momento. A la sazo'n en que el anciano aparejaba el brioso animal, un ave negra de mal agüero, paso' volando por encima de su cabeza. Laureano no era un hombre supersticioso; pero no pudo evitar que un extrano presentimiento sacudiera su pecho. No presto' atención al suceso, y continuo' su diligente tarea. Ni siquiera imaginaba que esa era la ultima vez que iba a ver a su hijo adoptivo.

Era eso de la11 de la manana, cuando Bartolito estuvo listo para partir. Se despidio' del viejo, monto' el cuadrupedo, y se alejo' a un trote cadencioso. A cierta distancia, aquel conjunto formado por el jinete y caballo, semejaba un centauro. Delante de ellos se abria la campina como un manto verde festonado de alegoricos matices. No solo las flores silvestres mostraban a los ojos un color espectacular; sino que tambien desprendian un aroma exquisito. Pequenas arboledas salpicaban el campo, a uno y otro lado del camino. La hierba verde se erguia hacia el azul celeste despejado de blancas nubes. Allende a todo esto, en el hoyo del tronco de un viejo Encino, habia un avispon oculto al acecho de una laboriosa abeja; pero no pudo atraparla; porque los pulgones de rosas, del orden hemipteroide con alas anteriores membranosas, le avisaron a la pobre abeja. En ese mismo Encino, se notaba la perpetua presencia del hongo Yasquero de la familia poliporaceas...Protura: es un gusano anillado, asqueroso y pusilánime, que huia a ultranza de aquel florido pincel, perseguido por la hormiga leon, semejante a las libelulas, "mais" con alas anchas y cuerpo delgado.

Bartolito observaba estupefacto todo aquel panorama maravilloso y al ponderar todo este prodigio natural, intuia muy dentro de su coleto que resultaba una dicha vivir en el campo. No le agradaba en nada el tumulto; preferia la soledad; si bien iba a la escuela en la ciudad, era para aprender. Tenia muchos planes en su vida, no solo anhelaba ser un profesional; sino tambien un genio. No creia en la idea de la conformidad; no podia avezarse a poner limite a su imaginación. Como todo pensador colegia que la materia y el espiritu prevalecian indisolublemente unidos; que uno sin el otro no podian subsistir...Que resultaba irrevocablemente estatuir que uno podia vivir sin el otro...Que si el cerebro imaginaba un universo indefinido, era porque las neuronas de igual modo resultaban ser indeterminadas...Que si al divino Pitágoras le suscito' la idea de plantear que la tierra presentaba 2 movimientos; sin embargo, omitio' exponer que en realidad eran 3.

En cuanto a este topico, Bartolito y su padre putativo estaban trabajando arduamente. Ellos 2 basandose en la famosa teoria de Planck, estatuian que el planeta tierra, rotaba y se deslizaba, sobre un eje de vibracio'n vertical.

Para llevar a cabo a la practica su teoria aprioristica, el hijo de Fela una vez, solto su pelota sobre el rio en que se banaba; alli observo' que la esfera no solo giraba y se trasladaba; sino que tambien bajaba y subia debido al movimiento ondulatorio del agua.

Mientras tanto, todas estas ideas y otras mas usurpaban su pensamiento, su caballo marchaba al trote lento hacia el poblado de Cruces. Le faltaban todavía 17 kilometros que recorrer; seria aproximadamente 2 horas de camino. Su mente volaba tan veloz que no le quedaba tiempo reflexionar en otras cuestiones. Uno de los problemas mas insidiosos que podian afectar psicológicamente su estado de animo, era el amor...ay, ay, ay, el amor!...Que infortunio para el hombre bueno esta enfermedad morbosa del animo!... Sin embargo, habia procurado, gracias a la ayuda constante de su padre adoptivo Laureano, resolver esta dificultad. Para ello habia sido sometido a un riguroso regimen de alfabetizacion; lo cual no le dejaba espacio para amartelarse...Su padre todo el tiempo le explico' que cuando tuviera deseo de amar, consiguiera una prostituta para que le saciara su anhelo, y no quedara vestigio de un drama sentimental. Con una cortesana no hay problemas, cada cual se va por su camino tan pronto terminen el coito sexual.

Empero, en la academia del Pre-Universitario, habia una doncella demasiado bella, y muy seductora, tentadora, y fascinante, llamada Eva Contreras. Era alta, esbelta, su cara angelical podia muy bien competir con las ninfas olimpicas. Lo miraba con deseo, sus testigos oculares se posaban en las pupilas de 'el, y las hundia en las profundas vertientes de un precipicio incognosc ible,circunscripto por 2 erosionadas laderas, las cuales conducian: una a la admiración inefable de sensaciones extranas, y la otra, es la que arrastra al hombre debil hasta la catalepcia que no se irredime a la crispatura invencible que suscita la exotica beldad de una mujer hermosa….En la hembra todo acto de lascivia es un instinto natural… Y aquella doncella con su cutis de clematidas flores, sus "kheilos" de un tinte cardena heteroclito, y los ojos de un matiz turquesa, sugestionadores, febricitantes, expresivos, sugerentes, tal esos geranios silvestres que debido a su singular esplendor, y el indistinto perfume de su extracto, hacen suponer que nacieron eclecticas para el procer individuo. Todo su rostro de diosa griega, parecia una gema. Su cabello castano, largo, circuia sus eburneos hombros, similar a un ramo de fucsias que en apostatada replecion, obedecen lidiadas a la arbitraria prepotencia de la fuerza de gravedad

La hermosa joven se habia servido de muchos sortilegios para seducir a Pedrito; ora se le acercaba y le hablaba dulcemente fingiendo voz de sirena homerica, ora usaba ropas provocativas para atraer la atención del Adonis de Potrerillo; pero desafortunadamente todos sus intentos habian fracasado. Al verse despreciada por aquel Adonis, postulo' visitar a los 2 brujos mas famosos de la regio'n villarena; ellos eran: Miguel T. Rodríguez, y Miguel A. Hernández.. Ambos le habian vaticinado por separado, que el hijo de Juan, estaba escogido por la diosa Afrodita para ser su amante privado, y no podia ser de mas nadie que de ella sola. La muchacha no comprendia nada de lo que aquellos hechiceros le aconsejaban; pero la realidad era que a Bartolito no se le conocia ninguna novia; y el mismo confesaba a Laureano que algunas noches no podia conciliar el sagrado sueno; ya que un espectro a manera de diosa griega, se aproximaba a 'el, lo acariciaba, y lo poseia.

Pero esto a Eva no le incumbia, ella no daba credito a todo aquello que pregonaban los nigromantes, y si ellos no la ayudaban a conquistar a Bartolito; ella iria con otro mago que se dedicara al mal. Por mucho que Miguel

T. Rodríguez y Miguel A. Hernandez le explicaron a la doncella que no se podia hacer nada al respecto; que cualquier empresa que ahí se desarrollara iba a ser inutil; ella sumida en las mas profundas corrientes de la obstinación, insistia en que Bartolito iba a ser de ella. Para ello, se sirvio' una vez de la oportunidad en que el barbero Yayabo cortaba el cabello al Adonis, y avizorando donde el estilista echaba los pelos, fue mas tarde al patio de la barberia, los recogio', lo guardo', y lo llevo' a casa de Ninito, el brujo. Un adivino entregado completamente al mal.

Asi fue como Pedro Bartolito sin saberlo, ni imaginarlo, fue victima de un maleficio. Pero aquella sombra semejante a Afrodita, velaba con recelo a su amante. Y no paso' inadvertido para ella, el hechizo consumado. Una noche se aparecio Afrodita vestida de rojo en el sueno de Bartolito, lo tomo de la mano, y salieron a deambular por los tortuosos senderos de un florido vergel en el monte Parnaso, cuyas hojas secas se desprendian de las finas ramas, y sepultabanse en el sucio polvo con ansias de descansar....A la entrada de aquel fabuloso camino, se veia un tiesto de flores de reseda, y ella entusiasmada, arranco' una y se la dio' a su amado.El exultante de jubilo, sonrio' complacido, y después ambos siguieron andando por aquellos verdegueantes caminos, sus almas reciprocas se hallaban sumidas en el profundo embeleso de esos "ataraktos" circulos que propicia una hora de placer...Ella, la gestadora del amor, una de las mas famosas deidades del panteón griego, quien una noche ataviada de saten rojo, se disfrazo' de princesa frigia, se fue a la cabana donde residia Anquises, se tendio en el lecho del hombre, y disfrutando omnimodamente del sublime amor, crearon a Eneas, el cual idealizado por la pluma de Virgilio, todavía los romanos piensan que son descendientes del linaje de Dardano.

❧

The hydrogen atom consists of a single electrón, bound to its nucleus,(a single proton) by the attractive coulomb force. The potencial energy function Ur for this system is:

$$Ur = \frac{1}{4\,Pi.\,Eo} \times \frac{e2}{r}$$

❧

Se produce el nacimiento

Ahí comienza la vida

Y de momento enseguida

Viene el primer sufrimiento

En ese mismo momento

Sin que se pueda evitar

Tenemos que lamentar

El dolor que se soporta

Al instante en que se corta

El cordon umbilical

Miguel Garriga.

❧

En la parte central del cerebro, existe una glandula llamada Pineal, que todavía los eruditos que se dedican a las investigaciones cientificas, no han podido determinar cual es la relacio'n que hay entre esta glandula y la esencia divina. Según Bartolito 'este organo realiza la funcio'n de receptora de ondas espirituales cual si fuera un transformador electrico; con la unica diferencia de que la una devuelve imulsos espirituales y la otra electricos... La constitución celular de esta glandula es de un tejido muy fino, pletorico de minusculas cavidades que forman una red esponjosa de sensores donde se acumula una gama de impresiones recibidas, las cuales son sintetizadas, y las devuelve al exterior en forma de ondas telepaticas. En el sexo femenino y en los homosexuales, esta glandula se expande mas en tamano, que en el masculino. En los homposexuales no se manifiesta una alteración de hormonas, como muchos entendidos en la materia creen; no, de ninguna manera. El homosexual simplemente es el producto engendrado por una madre que ha padecido durante su vida un desbalance hormonal del Sistema Endocrino, donde la Hipofesis ha jugado un papel importantisimo en su constitución. Si la acumulación de hormonas estrogenas ha sido demasiado en la glandula pineal, la inclinación hacia el sexo opuesto es mayor. Una mujer ardiente esta' mas propensa a crear hijos homosexuales, que la que no lo es..

CAPITULO III

Asi las cosas, Bartolito continuaba cabalgando a un trote mesurado, con frecuencia el noble animal, resoplaba la nariz, y su enorme cabeza se erguia y bajaba en continuas repeticiones. No cabia dudas que se trataba de un pura sangre...Que' ingente felicidad aquella, andar por aquellos campos libremente sin tener que dar cuentas a nadie. Esa si era la verdadera libertad. Aquel resplandeciente sol que iluminaba la pradera, venia a ser el creador omnipotente del mundo. Si el sol nunca se hubiera reventado, jamas hubieran surgido los planetas; y por consiguiente, de ningun modo hubiera vida humana. Según la hipótesis de Bartolito en un pasado muy remoto hubo vida humana en Martes, y en un futuro muy lejano la habra' en Venus.

La mente de Bartolito no tenia descanso, su cerebro muchas veces realizaba la minuciosa funcio'n del microscopio, .y otras del telescopio...Estaba a punto de profundizar en la teoria de la gravedad de Newton, cuando planteaba que la fuerza de gravedad inicial, era igual al cuadrado de la fuerza de gravedad resultante.

Asi es que, en medio de estos analisis aprioristicos, sumergido bajo aquel manto azul que lo cortejaba, y aquel fulgurante Helios que lo calentaba, recorrio' los

17 kilometros que distanciaban a Cruces de Potrerillo, y arribo' por fin a la casa de su madre. Alli estaba ella sentada en el mismo sillo'n que hemos descrito, y como madre al fin que intuye la vecindad de los crios, alzo' la melenuda cabeza, y vio' acercarse a su bello Adonis. Se levanto' enseguida del mueble, y salio' al portico a esperar a su adorado hijo. Por su parte 'el, al llegar alli, freno' el movimiento del animal, y desmonto'se de la bestia, atando la rienda a un poste de la cerca.

--Hijo mio, que' alegria me causa siempre volver a verte!—Dijo la madre al "tauto cronos" que se adelantaba hacia 'el para abrazarlo.

--A mi tambien, madre,--Adujo 'el al mismo tiempo que reciprocaba el abrazo. Ambos se separaron, y se escudrinaron mutuamente. De una ojeada, 'el se fijo' en el papel que sostenia su progenitora en la mano izquierda; pero no indago' nada, y se limito' a preguntar por su padre y sus hermanos.—Y papi, que' me cuentas de 'el?

--Ahh, tu padre esta' ben, esta' alla atrás en el patio repochado en su banco comiendo mangos. Tu hermana Teresita fue al Paradero de Camarones a visitar a la familia de su esposo, y Sirito viajo' a la loma del Escambray; pues postula mudarse para alla.—La madre hizo hermetico mutismo por breves segundos, y luego mostro' la carta que mantenia en su mano.—Toma, hijo, 'este telegrama es para ti.

Pedrito desenvolvio' el pliego, y leyo' cuidadosamente el contexto; después de haber terminado, miro' recto a su madre.

--Para que' sera' esto?—Inquirio' absorto.

--No se', hijo mio, no entiendo por que' te citan ahora si estas estudiando; yo siempre he comprendido que a los estudiantes no los invocan., se les permiten que finalicen su carrera, y después cumplen con el Servicio Militar.

--No se', madre; pero lo que si debo hacer cuanto antes, es presentarme donde me dicen.

--Ay, ay, ay, hijo mio, presientpo algo extrano en mi coleto, y raras veces me equivoco cuando intuyo estas excogitaciones.

--Yo se', madre; pero no podemos hacer nada mas que acatar la orden.

--Amen!

De ahí surgio' un intempestivo lapso de receso en el dialogo que sostenian la madre y el hijo, ella lo tomo' del brazo, y fueron a pasear al patio, donde solamente se percibia el gemido seco de las aglomeradas piedrecillas bajo el peso de los pasos....Alli en aquella arboleda reinaba una quietud protectora y complice, una atmosfera saturada de fragancias esotericas. Nadie hablaba nada... El silencio, el grande y soberano imperio del "siope" es mucho mas alto que la altitud de las estrellas, y mas profundo que el reino de Hades...El hieratico silencio es el unico que concurre siempre a la pacificación de la destemplanza... El mutismo para la mujer es un verdadero suplicio; la quietud inmóvil la tortura...Que agonia seria para la hembra carecer de voz?...Esto seria lo indecible, el dolor perpetuo...Excepto, para el escultor.... El arte formidable de tallar en el mármol que todo lo supera, es pasion desenfrenada de entes inmortales; es la inspiración sublime de hacer hablar una piedra, sin colocarle la lengua...Quien pudiera interpretar lo que quiso expresar Allegrain, al punto que esculpio' a la diosa Venus en el bano?...Aquella mistica estatua en la cual la diosa del amor con la cerviz doblada por el peso de las tentaciones pornograficas que usurpaban su mente, se enjugaba el agua que corria por su pies izquierdo, dejando deliberadamente al descubierto su cadera derecha...Por ello existe demasiada diferencia entre la alegorica cotorra y el aguila salvaje; la primera chilla espantada al ver cernir sobre su testa, la sombra enorme del vuelo majestuoso de la reina de las aves…Esta desigualdad geneologica es producto axioma de la disposición natural; no es cosa del hombre que pueda determinar…Se podran realizar cruces de razas; se podran deformar la cadena genetica; pero si se quiere el eslabon primordial se puede mantener intacto.

Hele ahí a Bartolito que sin perdida de tiempo, pergeño' presto un sencillo equipaje, se despidio' de su padre, y madre, y partio' veloz para la capital de la isla. Para ello, se sirvio' de un tren de pasajeros que pasaba por Cruces a las 5:00 de la tarde. Seis horas completas duro' el periplo de su terruno a la Habana. Durante el trayecto, no podia dejar de pensar en la incertidumbre que lo rodeaba con respecto al mensaje del Estado mayor. Al otro dia muy temprano, se persono' en la oficina del gobierno nacional. Al llegar a la entrada de aquel edificio de 2 plantas, presento' su identidad personal adjunto con el aviso, y un oficial uniformado lo condujo a la oficina del comandante Emilio Contreras. Le abrio' la puerta, y dejo' que Pedrito entrara solo.

CAPITULO IV

Alli detrás del buro', habia un hombre acomodado en una butaca de cuero. El senor lucia vestido de un uniforme de librea que destacaba perspicuo a los lados de cada hombro, las insignias de un oficial de alto rango. No lucia mal parecido el comandante; pero su semblante evidenciaba un aspecto adusto.

--Buenos dias!—Saludo' Bartolito al tiempo que juntaba sus manos debajo del abdomen, y permanecia de pie en una postura erguida.

--Buenos dias!—Correspondio' el comandante con voz seca, y ceso' de escribir lo que estaba redactando. Ipso facto, puso la pluma sobre el papel, y observo' detenidamente al recien llegado.—Quien es usted?—Interpelo' el oficial un tanto esceptico.

--Yo soy Pedro Bartolo, y vine aquí porque usted me mando' esta citación.—El hijo de Juan, le extendio' el sobre. El comandante lo agarro', y saco' una hoja, la leyo' enseguida.

--Oh, tu eres el muchacho de Cruces que estudia en Cienfuegos?

--Asi es.

El comandante se echo' hacia atrás en su asiento, apoyo' su codo izquierdo sobre el lado del mueble, y con los dedos indice y pulgar, palpaba la punta de su nariz. Sus ojos destellaban una excepcional luz que no mostraba muchas cosas; pero que en el fondo brillaba el resplandor de la prudencia. Estos tipos de hombres no gustan de ensenar al p'ublico sus verdaderos sentimientos. Pero no era tonto, y r'apido como un reflejo, dio'se cuenta clara que no estaba al frente de un ingenuo muchachito.

Debemos esclarecer aquí antes de proseguir con 'esta historia, que Bartolito fue criado por un hombre viejo y sabio; 2 cualidades que juntas formaban un inexpugnable baluarte. Desde los 3 anos de edad, el joven aprendio' lo que un hombre maduro no podia concebir. Entre la lectura ardua de los clasicos y la instrucción de Laureano, el hijo de Fela podia conversar comodamente con un mayor; lo que no podia desarrollar con otro adolescente de su edad.

--Te imaginas para que te he mandado a llamar?

--No, senor. No es de sabio adivinar lo que no esta' a mi alcance.

--Quiero que seas mi choufer personal.

La petición sorprendio' in fraganti al discipulo de Laureano; a primera instancia, no sabia que aducir; pero después contesto' estas aladas palabras.

--Yo estoy estudiando; según dicta la ley, mientras uno estudia, no debe servir en el ejercito hasta que haya terminado…

--Ja, ja, ja, no me hagas reir.— La risa al igual que el llanto, son expresiones contagiosas que se producen de los reflejos incondicionados del cerebro de la persona, que lo transmite al ser mas cercano; es por ello que el que se rie , o, llora, hace reir, o, llorar al que esta al lado.— que' grac ioso eres!--Repuso el oficial cruzando los dedos de las 2 manos.—D'onde tu' crees que estas?—Bartolito no contesto', el aspecto tornátil del comandante le advertia cierta prudencia. En estos casos lo mejor es hacer silencio. El mutismo, el maravilloso "siope" es la barrera indestructible de que se valen los genios para desarmar al contrario. El militar de alto rango al ver que el muchacho no hablaba, continuo' su arenga.—Tu estas ahora en la oficina del comandante en jefe del Estado Mayor de las Fuerzas Armadas Revolucionarias de la regio'n occidental.-- A Bartolito le hubiera encantado mucho responerle a aquel engreido: " y que'?...Que me importa a mi tu vida?...Tu vida me es desgraciada, o, indiferente; y antes de que me sea desgraciada, prefiero que ,me sea indiferente."...Pero 'el no podia perder la paciencia.; nunca lo hacia. Su innata ecuanimidad resultaba ser su mejor defensa. El oficial prosiguió.—Yo soy el que mando aquí, y tu vas a hacer lo que yo te diga.—La mirada punzante del comandante anhelaba perforar las pupilas del Adonis; pero 'este bajo' los parpados en senal de humildad, y toda la intencio'n del militar quedo' neutralizada. Un sin fin de aprensiones e incertidumbres usurparon de una manera inaudita la constrenida razon del guajirito de Potrerillo. Otra vez volvia a sentir el yugo de la inclemente prepotencia que ejercen los superiores sobre el palmo de su occipucio...Cual delito habia cometido 'el para ser tratado asi de tan cruel manera...Se sabe a ciencia cierta que el error de un solo individuo basta para extinguir de cuajo una nacion entera. Tremendos son los intereses que se expian por la desidia de un insolente como el comandante Contreras...Lo exacto le ocurrio' al emperador Napoleón por confiar en un idiota para que lo guiara en Waterloo...Pero ya su sentencia estaba dictada cuando el duque de Weimar proclamo': "amigos mios, no se desanimen, este napoleonismo es injusto y falso, y como tal no debe durar su caida.

--Con su permiso, senor. Por que' se empena usted en llevar a cabo tal solercia sobre mi persona?

De inmediato, el comandante toco' un timbre que tenia a su disposición, y no respondio nada a Bartolito; acto seguido, se aparecio' alli un guardia de custodia. Se irguio' en sus brunidas botas, y desempenando una reverencia en saludo militar, escucho' en atención, la orden de su superior.

--Llevate a este joven, inscribelo en la nomina, que le realicen el examen medico, lo incorporan al ejercito, y lo entrenan como el conductor personal de mi auto.

--Si, senor.

El gendarme le hizo una senal a Bartolito para que lo siguiera. El muchacho obedecio', y sin objetar mas nada, 'el comprendia que resultaba inútil dialogar con un superior, son gente arbitraria, no entienden de razones, hacen lo que se les antoje; camino' pues en pos del guia en absoluto silencio. Los pasos del hijo de Fela locomocionaban despacio, un gran pesar arrastraban sus plantas. En un abrir y cerrar de ojos todo su objetivo hacia el futuro, habia sido truncado de cuajo por un hombre arrogante. Pero quien era aquel individuo que se obstinaba a destruirlo?...No lo sabia...La patente acrimonia de una tremebunda visio'n se cernia sobre su alma. Un fantasma enorme y displicente pretendia hebetar su mesmedad de animo. Un inteno, un grito, un espiritu desnudo, delante de aquel espectro deletereo, proteico, y capcioso. No hay forma de eludir el golpe, y se hace inexorable la caida. La victima fenece perentoriamente en una execrable vorágine de ineluctable tremedal...Encetaba entonces en el alma de Bartolito, un principio de incertidumbre.

Enseguida recluyeron a Bartolito en una buhardilla tapiada con la unica claridad que se filtraba a traves de una minuscula ventanilla enrejada en lo alto de la pared. Al pie de este tabique se divisaba un jergón sucio tirado en el suelo que le serviria temporalmente de lecho....Que' ironia de la vida!...Hacia mero unas cuantas horas Pedrito dormia en un colchon de blanda espuma; ahora veiase alli igual que un mendigo...Los dioses y los hombres tienen un mismo origen, en algo ambos se parecen; quizas por la forma del fisico, o, por la alta razon, con la unica diferencia que el hombre anda ciego por la vida, y los dioses lo observan todo.

ᘓ

" CULPAM POENA PREMIT COMES"
Horacio.

ᘓ

Por que' duran tan poco las auroras?

Hay en la soledad tanta distancia

Sonar es poesia, y su fragancia,

Perfuma la nostalgia de otras horas.

Pepe el Toro.

ᘓ

Pero ay, ay, ay, hasta los inmortales estan propensos a sufrir el impio engano...Conviene al hombre sensato aprender a distinguir la amistad de la enemistad, lo autentico de lo falso, lo bueno de lo malo...Aquel que pueda entender estas diferencias, estara' bastante seguro en subsistir en el infierno que le rodea.

CAPITULO   V

Ulterior a que Bartoilito resulto' conscripto en las Fuerzas Armadas Revolucionarias, se le sometio' a un entrenamiento especial para que obtuviera rapido su licencia especial de manejar; según habia dicho el comandante Emilio Contreras, iba a ser su choufer personal. Por mucha diligencia que Fela, su esposo Juan, y Laureano habian desarrollado para liberar al muchacho de las garras de Emilio, todo esfuerzo habia sido en vano. La fuerza siempre aplasta todo; salvo la sagrada muerte. Pero se equivocaban rotundamente aquellos que creian que Pedrito se iba amilanar frente a las adversidades del destino. No, 'el no se preocupaba por esos pormenores... De que' se podia alarmar un joven que a su corta edad, acababa de descubrir el tercer movimiento del planeta tierra?...Con este hallazgo y otros mas que tenia en mente, tenia la certeza de ingresar en las filas del divino Pitágoras...Si habia constatado para 'el mismo y su familia la infinitud del ser humano; que' mas podia temer?

Asi fue como Bartlito tomo' las llaves del coche del general y se puso a su disposición. El primer dia de labor para el guajirito, fue llevar al comandante a su propia casa en la playa de Marianao. La vivienda era una verdadera mansión, la cual presentaba una rampa helicoidal, y un porche abovedado. Tan pronto Bartolito estaciono' el auto delante de la puerta principal, se apeo' primero, y corrio' a socorrer al comandante, le abrio' la puerta, y se bajo' el oficial, observo de arriba a bajo a su nuevo conductor, y luego le entrego' un portafolio al mozalbete, y los 2 marcharon hacia la entrada. Era eso de las 3:00 P.M. y el sol quemaba las piedras. El comandante se adelanto' a la puerta, saco' una llave del bolsillo derecho del pantalón, y abrio' el picaporte. Acto seguido, atravesaron el vestíbulo y se dirigieron al patio. Una piscina olimpica se evidenciaba ante sus ojos. Pedrito se impresiono' a primera instancia; por cuanto a que alla' en su campo no existia nada de eso. Pero su impresio'n no duro' mucho tiempo; ya que el rio donde el se banaba diariamente, era un agua fresca todo el tiempo, y aquella era estancada.

De repente su anterior sorpresa se torno' en una inexplicable estupefacción, al ver a Eva, su companera de escuela, nadando en la alberga. Lucia hermosa semidesnuda con aquel bikini azul bastante sugerente... Pedrito no pudo eludir saborear aquellos encantos con la vista...Anhelaba por todos los medios evadir cualquier contacto con la hembra ponzonosa; pero la realidad era que en el campo solo veia animales; mas en la ciudad miraba mujeres que son otro tipo de animal...La carne descubierta llama al apetito sexual...Y las mujeres saben muy bien como arroparse para suscitar ese apetito... Pedrito no sabia que hacer ante este dilema. Dentro de su ser se libraba una tremenda batalla entre el instinto que todo lo entorpece, y la logica que mucho ayuda...Las esperanzas humanas cuando se han hundido en el abismo; o, cuando se han elevado hasta el cielo, son agitadas fuertemente por un poderoso viento, y arrastradas hacia iun abismo de falsas ilusiones.

Bartolito temia enfrentar la verdad; era consciente de que inclinarse hacia el amor, seria lo mismo que perecer...

Los 2 jovenes se miraron mutuamente. En la facie de 'el, se exteriorizaba un mohin de sorpresa, y en la de ella, una expresión de triunfo…Desvio' la intuito Bartolito hacia otra parte del patio, y observo' el vacio…En quien pensaba el en ese instante?...En Eros?...En ese nino travieso, hijo de Afrodita, el cual, con sus deletereas saetas hiere sin piedad el corazon del hombre noble, y después lo lanza lejos al martirio de la desesperación…Aquellos pechos erectos y aplomadamente macizos de Eva, y aquellos muslos torneados y delicadamente finos, como sacados de un troquel mecanico, terminaban en caderas anchas de cintura estrecha, lo cual constituia todo el eden que embriagaba al guajiro de Potrerillo…Aquella donosura femenil caracterizaba a las vírgenes impúberes melodiosas del Helicón. …No perdio tiempoel comandante, y presento' a su nuevo choufer a su bellisima esposa. La consorte del oficial no tenia que envidiarle nada a ninguna otra mujer, incluyendo a la espartana Helena.

De cierto la mujer de Emilio era sumamente hermosa. Podia fácilmente confirmarse que era mas bonita que Eva; pero con un poco mas de edad. La maldita edad en la hembra resulta un tanto enconosa. La mujer y el tiempo son enemigos acerrimos. Las arrugas, las canas, son parámetros detestables para la "gune".

--Buenas tardes, amada mia!—Saludo' el comandante al tiempo que la mujer salia del agua para besar a su marido. La mujer vestia un bikini apretado y demasiado pequeño para ser casada. Mas bien ese tipo de atuendo le cuadraba bien a una jovencita. Pero Cecilia,(asi era como se llamaba la esposa del comandante), no le molestaba mostrar al publico un poquito de mas sus verdaderas curvas. Era demasiado coqueta y altanera como para no querer exhibir sus riquezas naturales a los mortales de un dia. Sus ojos negros, grandes, llamativos, oscilaban bajo aquellas arqueadas cejas muy bien depiladas.Su cabello oscuro escarlata caia sobre aquellos marfilenos hombros como la horrible noche sobre una montana de hielo.

Era una hembra muy perpicaz y sumamente artera, disfrutaba del favor del comandante para gozar la vida a sus antojos. En cuanto al amor, ella no creia en tal cosa, ella no nacio para amar; sino para gobernar, sabia muy bien que el amor mero le trairia el tormento de los celos, y la desesperación de la desconfianza, y en vez de gobernar, seria esclava. Eso no, eso nunca lo admitiria. Cecilia habia tenido mucha suerte al verse elegida por el comandante como su esposa. Ahora tenia que aprovechar esa oportunidad que solo aparece una vez en la vida. Si bien era en realidad una mujer ardiente; sin embargo, no enganaba a su marido con cualquiera, debia de ser alguien muy especial.

Ella la esposa del comandante, era homenajeada y respetada por todos sus subditos. Este desborde de servidumbre la hacian mas vanidosa; por lo que se vestia con ropas extranjeras, y cuando su cabello suelto caia sobre sus marfilenos hombros, receptaba miradas de admiración que unicamente las reciben las mujeres bellas. Todo el mundo se regocijaba con la amistad de ella, su excesiva hermosura, sus maneras femeniles dsemasiado delicadas, su sonrisa afrodisiaca, casi prostituida, la convertian en una ninfa del Olimpo…La repentina llegada del comandante, la hizo salir de la profundidad de sus pensamientos. La concavidad depresiva de sus cuencas opticas, indicaban la sutil contingencia de aquellos ojos brujos al punto brillaban de alegria. Su boca adorable para el erotismo, aun cuando estuvieran sus befos yuxtapuestos, insinuaban una expresión perfida de mujer que se dispone a envilecerlo todo.

--Buenas tardes, querido!—Reciproco' ella plasmando un sonoro 'osculo en la boca de su amado. No existe en toda la naturaleza un animal que escudrine mas rapido que una mujer. En fracciones de segundos, otea todo a su alrededor, y lo registra velozmente en su angosta computadora cerebral. De una ojeada de soslayo, visualizo' la imagen del hijo de Juan. "Que joven tan bello!".Penso'.

--Mira, mami, 'este recluta va a ser nuestro proximo conductor particular.—Indico' Emilio hacia Bartolito, quien correspondio con un gesto positivo de testa.

--Mucho gusto, joven. Mi nombre es Cecilia.

--El gusto es mio. Me llamo Pedro Bartolo, y aquí estoy para servirle.

--Gracias.

--Y tu', sobrina, ven aca, --Voceo' el oficial a Eva. La joven abandono' el acuoso estanque, y andando con pasos lentos, y la cabeza gacha, se aproximo' al trio.—Andaba vestida con un bikini demasiado provocativo, que hasta el mismo Bartolito no pudo evitar escrutar su torneado cuerpo.

--Tio, ya yo lo conozco a 'el.—Pronuncio' ella con voz laco'nica.

--Oh, si, no me digas!

El senor Emilio Contreras sabia muy bien toda la historia entre su sobrina y Pedrito; pero ahora necesitaba fingir. Por ello fue que cuando la hermana de 'el, la madre de Eva, le hablo' respecto al caso. El comandante enseguida tomo' carta en el asunto, y se comprometio' con su sor que 'el iba a resolver tal "caso". Asi fue como Bartolito fue citado para el Servicio Militar Obligatorio, y sin malgastar el "cronos", fue asignado para choufer personal del oficial de alto rango.

--Si, tio. El era mi novio.—Ella mentia.

--Oh, si, no me digas!—Exclamo' el comandante fingiendo harto anonadamiento, y de paso escruto' de reojo al nuevo conductor. Bartolito continuaba callado. Un leve rocio de sudor nervioso, emergio a las sienes de su capite.—Y por que' dices que "era tu novio"?...Acaso no lo es ya?

--No, tio, 'el nunca me quiso.

Ella estaba mintiendo, 'el lo sabia; pero un ingente temor le impelia a fomentar hermetico silencio.

--No te preocupes sobrina, todo en la vida tiene arreglo; y 'esta no va a ser la excepcio'n. N o es verdad, muchacho?—Interpelo' el oficial dirigiendose al guajirito.

--Si, senor.

Bartolito acababa de darse perspicua cuenta que habia sido objeto de una tramada confabulación. Todo se trataba de una revancha. Una cierta indignación usurpo' su noble alma; pero rapidamente recapacito' y comprendio' que con enfurecerse no resolvia nada; al contrario, quizas las cosas se pusieran peyorativas.

El comandante deliberadamente se llevo' a su esposa para el interior del hogar, queria concederle mas oportunidad a su sobrina para que embaucara a Bartolito. Empero, 'el tambien necesitaba armonizar cierto desacorde que existia en su propio matrimonio, hacia muchos dias que no satisfacia sexualmente a su pareja, y esta situación se estaba tornando adversa cada dia mas...El hombre es un eterno nino, siempre delirando; y por lo regular a este pequeño, la vibora le parece inofensiva; y el comandante no podia menos que lamentarse de su propia incapacidad para seducir a las mujeres; le faltaba ese tacto que exudaba Lord Byron, Ovidio, Euripides, el senor Contreras habia cometido un grave error en su matrimonio y este consistia en subestimar la potencia de la mujer. El todo el tiempo confio' en su esposa, y esa nube vaporosa que le cubria los ojos se semejaba bastante a aquella que habia construido Zeus para perder a Ixion. El largovidente le concedio' a la nube la forma de su esposa Hera, y la coloco' rayano a Ixion, 'este al ver a aquella hermosa apariencia, quiso

enamorarla, y tambien violarla; mas pronto experimento'
las torturas de un suplicio espantoso….Ay, ay, ay, por que'
sera' Pitágoras que al hombre se le presenta harto difícil,
adaptar sus intempestivos deseos a su propia condicion?

ଓଃ

"QUAE QUIA NON LICEAT NON FACIT, ILLA FACIT."
Ovidio.

ଓଃ

Por que' terminaran cosas tan bellas?

Amor, que por amar nos eternizas,

No apagues en mi alma tus estrellas.

Pepe "El Toro".

ଓଃ

CAPITULO   VI

Alli en el patio quedaron solos Eva y Bartolito.

--Que' tal, Pedrito, como te trata la vida sirviendo a mi tio?...La vida posee esas esporadicas irregularidades, todo el tiempo no se muestra favorable para los marineros. Existen algunos grumetes que ven la tempestad venir, y sienten en sus endebles pechos el ansia de huir; sin embargo hay otros que arrostran el mal tiempo con denuedo...En cual posición tu' estas?—El tono con que hablaba la joven era una estela de sarcasmo. Sus largos parpados cubrian la mitad de sus ojos. Tanto sus globos oculares como sus labios, los tenia abultados, era el perfecto retrato de una ninfomaniatica. Sin embargo, al hijo de Juan le habian ensenado en la casa y en la escuela, arte, literatura, y ciencias; pero no conocia nada del amor. Ella hizo un receso en su facundia a fin de escudrinar su reaccion; pero en versus a lo que ella expectaba, el quedo inmóvil, silencioso, y la escruto fijo con el unico objeto de determinar si aquellos sensuales labios, emitian la pura verdad.

Es harto difícil consultar a un simple oteo, la expresión de un corazon humano, y aun mas cuando se trata de un alma femenina….A, ay, ay, la juventud de Eva vivaz y activa poseia un aire natural y sencillo;

parecia ingenua; sin embargo era en realidad ingeniosa…
"Es una hechicera."…Pensaba Pedrito estupefacto para
sus adentros…No obstante, Pedrito todavía atesoraba
en su "kardio" aquel espiritu indomable de extremada
vehemencia. La apariencia de una criatura semejante
a Eva, era lo suficiente para apaciguar su efervescencia
agitada…quizas queria amarla, por que no?...Pero
no podia, …Porque aun prevalecian dentro de el,
instigadores numeres que lo empujaban hacia la soledad,
hacia el estudio, hacia la contemplación de las cosas
naturales…A veces queria amar; otras, se sentia seguro
de cohabitar sin amor; puesto que desde su infancia
ignoraba la acepción de esa vulgar palabra…Mas lo que
si el no estaba de acuerdo en servir de esclavo al pequeño
Eros, subyugado al placer carnal del sexo opuesto. ..La
masa femenil atrae al hombre de la misma manera que los
astros celestes se magnetizan entre si. Existe entre ambos
una fuerza atractiva de cautivamiento, de sometimiento,
de seduccion, y proponerse a violar esta regla universal,
no esta al alacance de los mortales de un dia…El seno
femenino encanta porque en realidad esa fue la primera
fuente preliminar abastecedora de vida…El hombre es
un animal genuinamente domestico, y si la madre desde
pequeño le ensena a depender del pecho; es obvio que
cuando crezca vuelva otra vez a suplirse del pezon; no de
la misma madre que lo pario'; sino de otra que lo llevara'
al cementerio..—Si estas en el grupo de los pusilánimes,
me imagino que tu debil corazon, esta' saturado de
pavor. El miedo siempre te subyugara, habitaras en
rebano y seras pastoreado como un cordero. Nosotras las
mujeres conocemos muy bien la flaqueza de ustedes; por
ende, con simplemente levantarnos el vestido, te traigo
al piso en genuflexión. Pero tal parece que tu eres una
excepcion, y eso mas me fastidia, y resalta mi terquedad
por persuadirte.

--Por que te empenas en realizar una empresa que no tiene futuro?...Por que me exiges que sea debil?

Su padre putativo Laureano todo el tiempo le habia dicho que la mujer era mala, que no querian a nadie, que todo lo que tocaba lo destruia, que el origen de la querella mundial residia en la mujer, y que si no existiera la hembra, nunca se hubiera llevado a cabo aquel famoso banquete de las nupcias entre Tetis y Peleo. De ahí se devino la ruina de Troya.

--Tu vas a ser mio, ahora dime, como te sientes?

--Muy mal.—Respondio' 'el procurando alimentar el orgullo de ella.

--Ja, ja, ja, c'omo que "muy mal"?...Acaso no te estan tratando bien?...Pudieras estar peor, tal vez en alguna unidad militar en un campo intrincado inundado de mosquitos, y un calor espantoso.—A medida que ella hablaba, se iba aproximando mas a 'el. Sus senos patentizabanse bastantes protuberantes, y el sostén del traje de bano, solamente le cubria la aureola de los pezones. Bartolito no pudo evitar contemplar aquellos 2 conos; mas, cambio' veloz la mirada.

--Para mi el campo es todo, ahí naci, y ahí me crie'. Siempre le tuve miedo a la ciudad…

--Y las mujeres?—Interfirio' ella pegando su cuerpo aun mas al de 'el. El hijo de Fela sintio' la influencia de un sentimiento extrano nunca antes experimentado por 'el, y la reaccion que tuvo fue la de separarse de ella.—Que' pasa, Pedrito, a que' le temes?...No te voy a hacer ningun dano. Ven, acercate, no te voy lastimar.—Ella lo agarro' por la mano, y lo atrajo hacia si. Lo enredo' con los brazos, y ya a punto estaba de besarlo, cuando oyo' la voz de Cecilia que le gritaba a sus espaldas.

--Eva, que' haces?

La joven a primera instancia solto' a su presa, se puso a temblar, no respondio' nada; habia sido sorprendida por su tia y la vergüenza usurpo' todo su ser. Sus mejillas que en otro tiempo fueron su mas codiciado atrayente en el amor, ahora tornaronse insufladas de afluyentes grumos. A nadie le gusta que lo capten cometiendo un acto delictivo; surge una especie de estupefacción en el alma que no deja mover el cuerpo. La rigidfez, la petrificación, son síntomas de un espiritu en apuros. Un color purpura asomo' a su nubil rostro.

--Nada.—Bisbiseo' ella en tono quedo. Pero su tia politica no se trago' el anzuelo. Las mujeres no son tontas, y cuando se trata de pecar, conocen muy bien la trama.

--Vete para tu cuarto.—Ordeno' con voz imperativa la tia.

Eva no adujo mas nada y se retiro' a su recamara. Alli redro quedaron solos Cecilia Y Bartolito, ella lo contemplaba detenidamente, y 'el desviaba la vista hacia otro punto del jardin. Una observación de esta talla, producia una especie de inquietud en el ambiente; algo asi como el principio de una incertidumbre embarazosa. Por un segundo Bartolito sintio' dentro de su pecho latir una impresión extrana; nunca antes habia experimentado algo asi. Asi como una inofensiva palomilla echada en su nido ufana de calentar los huevos que serian el baluarte de sus futuros pichones, y de pronto aparece frente a ella una hedionda culebra, con la bipeda lengua sacandola y guardandola con una rapidez inconmensurable; asi tambien la personificación alli de Cecilia, inmovilizo' todos los movimientos del muchacho.

--Ven conmigo, te mostrare' tu habitación..—Dijo ella con voz tenue similar a aquellos cantos que entonaban las ninfas que cortejaban a la novia de Piritoo…En este punto Cecilia al ver la corroborada docilidad de su nuevo choufer, sonrio' satisfecha.

Nunca se supo como fue que aquella mujer tomo' a Bartolito de la mano, sin decir una palabra, y lo guiaba dócilmente como un cordero hasta su nuevo aposento. Aquel contacto carnal, magnetizo' de una forma tal al mancebo, que no hizo ningun esfuerzo por soltarse de aquella garra.

Anduvieron los 2 por el interior de la casa, arribaron a la recamara de los huéspedes, ella le solto' la mano, le mostro' el recinto donde 'el descansaria; con una intencion premeditada, doblo' su tronco para arreglar algunos pliegues de la sabana que se exhibian desalinados sobre el lecho, y con aquel movimiento fisico, la salla fina de color azul celeste, se subio' un tanto quedando la mitad de los muslos al decubierto, y los gluteos amoldados al ajuste de la delicada tela, exacerbaron los ojos del hijo de Juan.

Ella sabia lo que queria, el instinto depredador le usurpo' la mente, se viro' de pronto, y adelantandose hacia 'el, lo rodeo' con sus blondos brazos. Lo contemplo' detenidamente tal una reina escruta a su esclavo, El suspiro' sumiso, estaba en realidad cautivo en esta osmosis extrana. Su facie similaba a la del "Balzac" de Rodin, y en medio de esta atmosfera cargada de vilezas, ella le susurro' al oido en ecos romanticos que mero lo hubiera identificado Antonio Vivaldi, maestro del concerto para solista....En el prematuro raciocinio de un nino 'estas escenas no producen ningun tipo de excitación; en un anciano suscita una especie de melancolia; pero en un joven de 17 anos, aquella piel lisa de porcelana fina, y aquel vapor que emanaba la sangre caliente de la hembra, causan cierto apetito carnal que conduce al deseo.

Ay, ay, ay, que estupor mas grande sufrio' el animo ingenuo de Bartolito. La mirada de Cecilia se exteriorizaba languida, su busto se inclinaba hacia delante. Ella lucia extasiada, delictiva, parecida a Luisa Brongniard de Houdon. En seguida lo acosto sobre la cama, y empezo' a quitarle la ropa; empero, 'el tal un nino temeroso, se metio' debajo de las cobijas ,y ahí permanecio' expectativo, visualizando en su turbada mente cual otra actividad planeaba emprender aquella devoradora de hombres… En cambio ella se tomaba todo su tiempo, no tgenia prisa en culminar algo tan sublime. En ese instante ella era la duena absoluta de Pedro, y se divertia hartamente en hacerlo temblar. Hacia mucho tiempo que anhelaba ser infiel, y ahora le llegaba la gran oportunidad con un joven apuesto.

Al auscultar esto, Pedrito quedo' absorto en absoluto silencio observando toda aquella escena que se revelaba delante de 'el. Lo que no sabia todavía si aquel suceso acabaria en una comedia ,o, una tragedia…Una fuerte corriente electrica abarco' todo su cuerpo desde los pies a la cabeza. No cabia dudas que aquella mujer sabia muy bien como seducir a los hombres. Todavía existia algo de docilidad en el carácter del recluta…Quizas se sentia neofito en el arte de amar. No queria acostarse con aquella mujer; pero era la esposa del comandante, y si se negaba, podia surgir un grave problema…Una hembra rechazada es un ingente peligro…Según cuenta la leyenda, Fedra se suicido' en la horca con el mero objeto de castigar a su inaccesible amor…Tan mala es la mujer?

Hoy en dia el divino Homero se hubiera desmayado de ilotismo cronico, al contemplar anonadado como la dama ultraja al caballero. Lo primero que hace ella es parirle un hijo; aquí ve la llave maestra que asegura el candado de la celda donde segregara' al imbecil esposo. Este idiota siempre va a ser feliz al lado de la inmundicia; y ella en reciprocidad mutua colocara' al macho sobre un pedestal de arcilla, y ahí lo tendra' como el Atlas; no sujetando la esfera del mundo; sino la bola de la mancomunidad conyugal que es mucho mas pesada que el orbe…Solo existe un templo divino en el universo donde se debe descansar en paz; esa ara divina es el campo; no existe nada tan sublime como esa forma de armonia,.

Inclinarse ante la naturaleza salvaje, es como realizar una sagrada reverencia frente a lo vital del universo. Es sentir sobre las cansadas sienes, la aureola de la eternidad.

Ipso facto, ella se despojo' de su indumentaria, y se deslizo' como una serpiente por debajo de las sedosas sabanas...Frente a este caso, la filosofian fracasa, la educación se pierde, la ley de la conservación de las masas se deteriora, y las lagrimas de ambar de la hermana de Faeton se esfuman... En calculos matematicos, aquel limite indeterminado del cual planteaba L'Hospital, ensenaba de una forma confusa, la manera indefinida del numero. Pero desafortunadamente para Pedrito, esta tesis de L'Hospital no se perpetraba patente; por cuanto a la relacion con las mujeres, por mucho que postulara calcularlas, jamas hallaria su valor real.

Por supuesto, la hembra es un verdadero enigma imposible de determinar. Casi siempre se manifiestan ingentes de inicuidad y de ignominias; con el solo hecho de verlas sonreir junto a uno, se pone de manifiesto vigentemente, la peligrosa proximidad de aquellos deletereos cantos de las bellisimas sirenas de Homero... Si obervamos de cerca la manera con que nos miran las mujeres coquetas, podemos concluir que estamos en presencia de una vibora ambrienta de frenetica pasion por la carne...No les importa el alma; lo que quieren es sacear su apetito voraz...Ay, ay, ay, pero lo mas peor todavía es procurar besar apasionadamente esos labios catadores de veneno mortal.

El hombre que ingenuamente saborea con delicias ese nectar embriagador y dulce de una "STOMA"femenil, como si fuera un indefenso pajarillo que extrae ufano la savia hieratica que supura en borbotones de la edenica Mandrágora; se ve entonces resistir en el pobre corazon de esa pobre avecilla, ese enorme pedestal de todas las miserias que los poetas llaman:amor...Oh, portento de todas las maravillas del planeta! Un filosofo no puede someterse a esta injusta tortura; no incuba en su anima derruida por los vendabales de la impiedad, todas las fuerzas necesarias para soportar tal cataclismo…Caer en la trampa erotica que tiende una mujer coqueta, es anular todas las propiedades protectoras que hacen insurgente al hombre frente al dolor.

Si por equis razon alguna vez se ve el hombre atraido por el magnetismo de los encantos de ella, y el fascinante hechizo que provocan sus ojos, el hombre debe entonces gozarla, disfrutar sus placeres; pero nunca idolatrarla; porque adorarlas conduce a coadyuvar a la ruindad que amenaza a la sociedad; esto equivaldría a reverenciar a la creación del mal…Y aquel inocente que en su cabal juicio se propone amar lo impio, es entonces por reciprocidad axiomatica, un hombre mas predicador de prejuicios…El atrida Menéalo resulto ser insignificante en las rapsodias homericas, no porque haya sido estupido; sino mas bien porque se comporto' endeble ante la beldad incomparable de la alevosa Helena…La amnesia es virtud de hombres libres. La omision de todo, es sin dudas, la penultima flor ajada del jardin del abandono…ES EL PRINCIPIO DE INCERTIDUMBRE…En este pensil todas las rosas rojas se secan de inanición, el aire caliente que azota los tallos es una ráfaga de fuego; hasta las piedras se calcinan por la inclemencia del ambiente; sin embargo, la sagrada tierra no permite que debajo de ella sucedan estas catastrofes terribles, todo en su superficie si se puede; no en su seno. Ella solamente tolera que descanse en su pecho, la insigne osamenta del divinal Lord Byron.

" FOR WHAT IS POESY, BUT TO CREATE FROM OVERFEELING, GOOD AND ILL, AND AIM. AT AN EXTERNAL LIFE BEYOND OUR FATE, AND BE THE NEW PROMETHEUS OF A NEW MAN, BESTOWING FIRE FROM HEAVEN AND

THEN TOO LATE, FINDING THE PLEASURE GIVEN REPAID WITH PAIN."

No resulta cosa facil para una hembra ninfomaniatica serenar su ímpetu sexual ante la presencia de un hombre apuesto. Ellas sientes trepidar bajo sus rodillas, la afluencia externa de una atracción indescriptible. La beldad tanto en el hombre como en la mujer, posee un no se que de misterio indeterminable...TO BE, OR, NOT TO BE?...THAT IS THE QUESTION...Dijo Shakespeare...Y Leonor de Aquitania le dijo un dia a su hermana Petronila:"NO EXISTE UN MEJOR SENDERO PARA COMETER ADULTERIO QUE EL MATRIMONIO."...Y el loco Aristóteles dijo mucho antes que ellos:"LA NATURALEZA DEL HOMBRE ES ESCLAVA EN MUCHOS ASPECTOS".

La mujer todo el tiempo es demasiado sagaz, conoce bastante bien que el caballero presenta mucha analogía con el caballo; de ahí que se derive este seudonimo, y tambien del antropomorfico homosapie. La primera regla que le ensenaban a los caballeros de la epoca medieval, consistia en idolatrar a las mujeres. Aquellas que llegaban a desposarse, agradecian en sagrado silencio esa amabilidad diaria que ejercen sus esposos para con ellas. Sin embargo, en ningun momento se escuchara' por ahí murmurar a una dama que su marido es un idiota. No, de ninguna manera, ese criterio personal se lo reserva solo para contarselo al amante. No hay nada en el mundo que haga mas feliz a una mujer que estar embelesada en los brazos de su amante, y le murmure al oido las nesciencias de su consorte conyugal, y los multiples defectos que lo caracterizan como estupido en la casa. Los 2 amantes se burlan de la insensatez de aquel imbecil, y se regodean en el ambiente de la traicion. Empero, por ironia de la vida, la mujer que es adultera, detesta que su amante ande con otra; no porque sienta celos; sino porque no permite la competencia en su circulo de accion…La mujer no conoce mas Dios que al amante.

Por fin se consumo' el pecado, ella sabia muy bien lo que queria, y 'el que no pudo evitarlo, cayo' en el precipicio de la seduccion. Lo exacto hubiese ejecutado un alado colibrí que se hubiera posado asuso a la corola de un lirio desmirriado por la inclemencia del tiempo; y hubiera absorbido el nectar aromado de aquella flor, si, y solo si, no hubiese ocurrido lo peor… Como 'el era un neofito en el arte de amar, agarro' a cecilia como si fuera una yegua; el resquemor que tal actividad le causaba a ella, junto a la sed de amar que tanto estimulaba su enano corazon femenil, hinchado de "CHALDENS EUDAMONIA", pugnaba por romper las endebles fibras que constituian su extenuado torax. En medio de aquel elisir maravilloso, se oyeron 3 tiros retumbar las paredes de la casa, y en pos de esto, un grito de horror de una joven que acudia precipitada al lugar de los hechos.

☙

Creer que la mujer es debil, equivaldría a pensar en la estulticia y estolidez mas grande del mundo…La "gune" es fuerte mil veces mas poderosa que el hombre. ..Como diria Victor Hugo:" Es un diablo muy bien perfeccionado."…Lo mas intrigante de ellas, que no aman a quien le perdona sus faltas; ni tampoco eximen a quien las adora…Pero que hacer frente a este monstruo que devora al hombre?...Dice el poeta Anacreonte que se debe permanecer la puerta bien cerrada del habitaculo de tu corazon, y no permitir que entre Eros, ese nino travieso que por ser ciego y pobre, no sabe donde dirige sus saetas de doble filo…Y dice Jose' Maria Vargas Vila que el desden, el piadoso desden, es el unico lenitivo que se ha inventado para apaciguar la picada de la vibora femenina. Según pregona 'el, desden es una energia mucho mas potente que el amor; por decirlo asi, es el escudo mas protector que haya creado Hesiodo contra la mortal punzadura del ramalazo carinoso.

Ahora bien, difundir por doquier que la mujer es buena, esto significa: mentir, embustir, falaciar, ellas son malas, eternamente endinas, son en todo sentido de la palabra, descendientes de Asmodeo, hermanas de Circe, la cual transformaba a los hombres de Odiseo en puercos, y fieras…Algo similar ocurre con las hembras de hogano, que tienen como objetivo metamorfosear a los machos de hoy en perros y esclavos…Esta meta de la mujer es una fagedenia civil de estasimos raciocinios.

CB

"USA OGN'ARTE LA DONNA, ONDE SIA COLTO NELLA SUA RETE ALCUN NOVELLO AMANTE."

CB

Cuando el boyero Paris, que después paso' a ser principe, coloco' una saeta de doble filo, que según cuentan su punta estaba ponzonosa, en la flexible cuerda de su terrible arco, la estiro' unos 7 decimetros lejos de su punto de reposo. Y apunto' el vulnerable talon del vehemente Aquiles. Acto seguido, la flecha fue liberada y se fue a clavar en el calcanar del hijo de Peleo. Ahora bien, a que velocidad iba ese misil?...Para ello, podemos decir matemáticamente que: $v = ds/dt = d/dt(7 \operatorname{sen} t)$

CB

El sistema endocrino es el conjunto de 5 glandulas que secretan hormonas directamente a la sangra. La glandula llamada Hipofisis es el monitor central del complejo endocrino, encargada de que todo el funcionamiento de las hormonas se realice en optimas condiciones. Ahora bien, la Hipofisis en el cerebro femenino presenta una caracteristica peculiar distinta a la del hombre. En el caso de la hembra, esta glandula es mucho menor en tamano, y lamembrana que la cubre es mas débil en consistencia. Lo que hace factible que las ondas magneticas procedentes del cerebro varonil, converjan con mayor eficacia, cuanto mas propenso este' la recepcion de la Hipofisis. De ahí que se le llame "telepatia" a lo que no es mas que un fenómeno electro-magnetico entre distintas fluctuaciones de hormonas. Los ojos son las fuentes principales de la emision electromagnetica. Es a merced de ellos que se receptan y se transmiten las ondas electro-magneticas hasta el cerebro. Asi como los oidos captan las ondas sonoras, y la nariz olfatea las ondas olorosas; de igual modo, los testigos oculares se encargan de recibir las ondas visuales de unos ojos bellos. Un ciego debe recurrir a los otros sentidos para desarrollar su proceso electromagnetico y un tuerto solo alcanza la mitad; sin embargo, dice Victor Hugo que un tuerto sufre mas que un ciego, porque conoce su defecto. En conclusión, la Hipofisis no es mas que un transformador de ondas magneticas; si no recibe energias del mundo exterior, no puede realizar nada.

La edad mas aburrida

Es la maldita vejez

Esa si, verdad que es

El martirio de la vida

Con la salud resentida

Nunca nos falta un achaque

Y cuando la cuenta se saque

Estaremos convencidos,

De que ya hemos perdido,

La guerra del almanaque..

Miguel Garriga.

ℭℨ

CAPITULO VII

Alla en las montanosas laderas de Potrerillo, un anciano agonizaba en su lecho de muerte. Se trataba de Laureano Gallo, aquel gentil senor que habia dedicado sus ultimos anos a criar a Bartolito. Después que se supo de la desgracia acaecida al joven, su animo decayo' tan profundo que su sistema inmiunologico no pudo combatir la mortal enfermedad que le venia torturando hacia varios anos. Desde que fenecio' su adorada esposa Irene, su vigor habia menguado mucho; pero con la aparicion en su vida del nino Bartolito, su espiritu volvio' a cabalgar en alas de la esperanza que jamas abandona a los humanos, y su amor por la vida volvio' a renacer.

Ahora alli tendido en la yacija en el ultimo estertor de la vida, observaba el techo y bastantes reminiscencias acudian a su cansado cerebro. Según su analisis particular, habia vivivo demasiado tiempo. Nacio' en Checoslovaquia, y cuando contaba con la escasa edad de 21 anos, su tierra natal fue invadida por los asesinos nazis, y toda su familia tuvo que abandonar el pais. Cuando llegaron a Cuba, prefirio', pese a que sus padres se oponian, residir en el campo. El sostenia a capa y espada, que los tiranos no gustaban de morar en el campo; porque todo animal inferior busca la colectividad.

Alli, alrededor de su cama, estaban situados la hermosa Fela, su esposo Juan, y sus otros 2 hijos Teresita y Sirito. Cabe senalar aquí que este matrimonio habia concebido un tercer hijo nombrado Diosdado; pero el infante habia perecido enseguida que nacio' y paso a ser inmediatamente el angel guardian de Fela. Todos ellos estaban alli para darle el ultimo adios al que habia sido tan buen padre con Bartolito. Al punto que el viejo coligio' que le quedaba poco tiempo de vida, los mando' a buscar; pues deseaba entregarles unas formulas matematicas que Bartolito y 'el habian estado estudiando unos cuantos meses atras. Una de las formulas trataba de determinar el tercer movimiento de la tierra. Hasta aquel momento solamente el divino Pitágoras de Samos, habia sido el unico en testificar que la tierra presentaba 2 movimientos; y como Laureano y Bartolito eran neopitagoricos, habian decidido continuar la ardua carrera matematica de su maestro.

Laureano y Bartolito estatuian que el tercer movimiento de la tierra se basaba en su ondulación. Ya lo habian probado fisicamente en el rio; pero ahora les correspondia corroborarlo aritméticamente. Ellos 2 planteaban que la ondulación de la tierra era igual a la masa de la misma, por la velocidad de ella, por su desplazamiento que era igual a la integral entre un tiempo uno y un tiempo dos, por la velocidad en ese tiempo y su diferencial; multiplicado todo esto por la constante de Planck, la constante de Isidro, y se divide este resultado en 2 pi por el radio, por la variación de la energia solar.

La ultima hora del veterano moribundo se tornaba un tanto ambigua; ya que por una parte se sentia feliz de haber terminado su vida; que según Sócrates es una verdadera enfermedad; y por otro lado, se sentia triste porque dejaba a Fela y a Juan enfrascado con el problema judicial de Bartolito. Según se decia, la bala que le habia disparado el comandante Contreras, habia perforado su pecho; pero no lo habia aniquilado. Pero hubiera sido mil veces mejor que lo hubieran matado; puesto que ahora se encontraba gravemente herido y ademas preso por haber intentado violar a Cecilia, y haber creado el conflicto matrimonial; donde habian perecido la misma Cecilia, y el suicidio del propio comandante. Todo aquel drama amoroso culmino' en una horrorosa tragedia.

Ahora alli mismo estaba Fela preocupada doblemente por la suerte de Laureano, y la de su hijo Bartolito.

Era eso de las 7 de la noche cuando el viejo Laureano, sintio' la inexorable visita de las Parcas del destino, estiro' su mano izquierda, aferro' la de Fela, intento' hablar, no pudo, la espuma blanca que brotaba de sus escualidos labios no se lo permitieron, todo su cuerpo, convulsiono' 2 veces consecutivas, sintio' que se ahogaba, y de pronto dejo' de respirar. Un color purpura afloro' a su rostro, luego se torno' negro, y al fin expiro'. Acababa de morir un gran hombre.

❧

"The intellect is a consoler, which delight in detaching or putting an interval between a man and his fortune, and so convert the sufferer into spectator and his pain into poetry."

Ralph W. Emerson.

❧

CAPITULO   VIII

En el hospital militar de la capital de Cuba, un joven apuesto se hallaba inconsciente atado con cadenas indisolubles a los tubos de una cama de hierro. Según se les habia indicado a los doctores y a las enfermeras que tuvieran mucho cuidado con el herido, porque se trataba de un delincuente peligroso. Pero el fiscal que estaba atendiendo el caso, no queria que muriera, pues pensaba adjudicarle 30 anos en prision. Aquel descaro de violentar a la esposa del comandante Contreras, seria vengado con mano dura. En este caso habian 2 muertes implicadas: el asesinato de Cecilia, y el suicidio del comandante; desde luego que pudo haber tambien fenecido Bartolito, si las Parcas del Erebo no le hubieran reservado un destino mucho peor que la inclita muerte... Morir no es mas que la inexorable transición de un estado solido a uno gaseoso...Debemos recordar que el cuerpo esta constituido por un 75 % de agua; y que toda ella se esfuma con la muerte; excepto, el esqueleto oseo...He aquí la verdadera base de la vida: los huesos.... A traves del esqueleto podemos permanecer siendo parte de la materia; y como dijo Albert Einstain, la materia y la energia no pueden vivir separados.

La bala que habia sido disparada a Bartolito, fue con la intencion de partirle el corazon; pero ya dijimos que las Parcas que tejen los destinos, no querian que 'el todavía muriera, y el obus paso' propincuo al "kardio"; pero no lo toco'. Siguió su recorrido rectilineo uniforme en el interior del cuerpo, y salio' por la espalda. Ya dijimos que habia perdido el conocimiento, y aun prevalecia en este deprimente estado. No le permitian visitas. Su madre y su padre Juan, habian intentado varias veces visitarlo; pero no los dejaban, y en ese intervalo de tiempo, murio' Laureano.

Ahora que el espiritu de Pedrito se hallaba separado de la masa corporea; puesto que no solo en la muerte se aislan; sino tambien en el sueno, y en el desmayo, descendio' al Erebo para verificar si era verdad que alli existia el famoso lago de la Estigia. En efecto, alli en aquella penumbrosa cueva, se evidenciaba un lago tranquilo de aguas turbias que según dicen es la cantidad de llanto derramada por los condenados. Alli en la orilla de aquel sagrado charco, un viejo velludo de barbas blancas, estaba sentado sobre una barca con los remos alzados sin mirar a los infelices espectros, que ansiaban a ultranza abordar su canoa.

El espiritu taciturno de Bartolito, salto' a la embarcación, y se sento' silencioso al lado del anciano, quien, al percatarse de que habia llegado visita extranjera, enseguida comenzo' a remar sobre aquel inmóvil estanque. Después de haber navegado 22 minutos, se oyo' de pronto los ladridos ensordecedores de un perro negro con 3 capites. El espiritu de Bartolito se estremecio' de pies a cabeza, y el veterano siguió remando con demasiada calma. Mas adelante se vio' una rueda encendida dando interminables vueltas, y un hombre fuerte la hacia girar por los siglos de los siglos.

Aculla', se vislumbraba a otro condenado subir una pesada roca hasta la cima de una montana, y al punto que la tenia ya casi sobre la cúspide, perdia sus fuerzas y la piedra volvia a caer a la base de la pendiente. Por otra parte, se podia otear a un gigante echado en la tierra sin tener suficiente vigor para espantar un buitre que le roia las entranas. Durante aquel tenebroso recorrido el alma de Pedrito vio' a un hombre metido hasta la rodillas en una parte de aquel lago, en cuya cabeza pendian bellisimos racimos de manzanas, y cuando ensayaba agarrarlas, las frutas se desaparecian. Lo exacto acaecia con el agua que anegaban sus pies; al punto que anhelaba beberla, el liquido se disipaba. Lo que mas le llamo' la atención al espiritu de Bartolito fue, la presencia alli de 49 mujeres que habian sido sentenciadas a llenar toneles sin fondo en aquella sagrada laguna…Actos imposibles de ver, muy difícil de contar.

Posterior a que el espiritu de Bartolito retorno' al cuerpo, volvio' en si, miro' a su alrededor, y se dio' cuenta perspicua que se encontraba en un hospital. Escruto' de soslayo a sus 2 lados, y noto' la presencia de 2 policias que lo custodiaban. Meneo' las extremidades y sintio' que estaban liadas. No comprendia el por que' de todo aquello; pero imaginaba que su desgracia venia de parte de la casa del comandante. Comenzo' a visualizar poco a poco todo lo acontecido en la residencia del comandante, y memorizo' que lo ultimo que vio' fue la cara que Cecilia cuando se le aproximaba para besarle la boca. En pos de esto, sucedieron otras cosas, nas luego, oyo' 3 tiros, y ya no supo mas nada. Dado a que acababa de despabilarse de aquel letargo, no sabia que habian muerto Cecilia y Emilio.

Pero lo que mucho menos sabia 'el era que lo acusaban de la muerte de Cecilia y Emilio. A lo que después de transcurridos 4 dias, en una fresca manana del mes de Junio, los guardias lo desataron y lo trasladaron al Palacio de Justicia. Alli le iban a celebrar el juicio, y para colmo de la ironia de la vida, el unico testigo que iba a favor de 'el, era la propia Eva Contreras. Ella quiso mucho a su tio Emilio; pero no a su tia politica Cecilia. Si Cecilia no se hubiera interpuesto en su camino para conquistar a Pedrito, nada hubiera pasado; pero su maldad fue tanta que arruino' la casa del comandante.

El juicio duro' corto tiempo, y a puertas cerradas, no se le permitia la entrada a nadie ajeno al caso; ya todo estaba arreglado por el Estado Mayor para culpar a Bartolito. La muerte del comandante no podia quedar impune, alguien debia de pagarla. Por mucho que Eva trato' de auxiliarlo, no pudo. No permitieron asistir a nadie de la familia de Pedrito; por consiguiente, no pudo 'el ver a nadie. El falso abogado que lo defendio' ya estaba vendido. Todos los abogados son unos traidores.

Asi fue como sentenciaron a Bartolito a 30 anos de prision en la penitenciaria de maxima seguridad en Remedios, Las Villas…Cuando se manifiesta la injusticia; quizas pueda el engano huir; pero automáticamente va a quedar atrapado en manos de las Erinias vengadoras…El desamparo es indudablemente inhospito; no obstante, aun lo es mucho mas el olvido; ya que en el caso del abandono, pudiera surgir la intempestiva casualidad de albergar una simple esperanza de un posible retorno a la vida normal; empero, en la omision total del ente humano, todo perece por su propio peso, la fuerza de gravedad lo atrae. En este punto no existe el regreso, aquí comienza el principio de irreversibilidad , o, de incertidumbre…El sagrado olvido es una pasion muy alta, mil veces mas alta que el amor, y mucho mas baja que el perdon…el hombre que se propone en su vida negligirlo todo a su alrededor, se puede considerar omnipotente, ni el mismo Zeus puede conmoverlo, es capaz de superarse por encima de su capacidad mental y desde luego, sobre su autoridad espiritual…Cree divisar en los sinfines de los cielos, aun mas alla de la extensa region de la galaxia "MILKY WAY", la cual circunda, según cuentan, la periferia indefinida por donde una vez el gran Zeus metamorfoseado en aguila rapaz, remolco' en su enorme lomo al bello Ganímedes con el simple objeto de que fuera su copero particular en los banquetes del Olimpo...El que olvida con facilidad, puede vislumbrar una luz "SCINTILLA" que dispensa paz, y escancea en el caliz del desden, un licor suave, delicioso, cuajado de mantricas fragancias... Por si fuera poco, aquel que observa la lejana posición de las estrellas como algo indefinido muy lejos del alcance de su intelecto, le faltara' la aguda vision del que vigila la sinopsis.

Ahora bien, que es la prision?...Es acaso la muerte?... No, porque no se muere completamente; el cuerpo permanece inmóvil; parece que se espira; pero sigue viviendo, la sangre continua circulando por las venas; y la digestión continua funcionando...El alma brota del pecho y sale al exterior...Acaso entonces es la vida?...No, ya que no se puede llamar "vida" a un constante sufrimiento...Y que es entonces el cautiverio?...Es el limbo, es el estado intermedio entre la vida y la muerte. Es como la linea del horizonte entre la tierra y el cielo; la cual a distancia parece que las une; pero en la cercania las separa...Eso es la prision, estando dentro de ella miras hacia fuera hacia la libertad; y estando fuera de ella, miras hacia dentro; hacia el abismo tenebroso de la ignorancia...El que ha estado enclaustrado sabe como desprender el espiritu del cuerpo sin matarlo, y hacerlo volar hacia esos cielos remotos de la reminiscencia, la pasajera ilusion, y la estulta fantasia...El alma ansiosa por libertarse de la doble segregación que la somete; propugna por romper los lazos indisolubles que la lian al cuerpo y a la prision, y se declara libre sin dejarse subyugar por la tirania del hombre...Una tremebunda y displicente disension pretende conminar la subjetiva integridad del hombre libre de espiritu; un hebetamiento desaprensivo con no muy poca mordacidad, ensaya rezumar la inteligencia excogitadota del genio; sucintamente entonces se eleva hacia el cielo un elegiaco responso por boca de los debiles queriendo rogar clemencia por la inconsciente potestad de los tiranos; surge por lo tanto ese asceta inconmovible que todo lo desdena y nada le importa; al cual el vulgo denomina como hombre paladin...Se oye por doquier entonces repercutir en las cavernas tormentosas del Erebo, una hieratica dulia en reconocimiento sublime a los genios inmortales...Pero, por que' sera' divino Pitágoras ha sido preciso que lo que mas forja la dicha de un hombre, y por decirlo asi, constituye su felicidad aparente, sea tan a menudo el origen accidental de su inexorable infortunio.

❧

"NULLUM MAGNUM INGENIUM SINE MIXTURA DEMENTIAE FUIT".
Seneca.

❧

Al amor descuidado

Cogieron las Pimpleas

Y con grillos de flores

Al Decoro le entregan

Luego para el rescate

La misma Citerea

Previene muchos dones

Y da grandes riquezas

Pero cuando lo libren

Tenga por cosa cierta

Que amor tarde se arranca

Si a ser esclavo empieza.

Anacreonte.

CAPITULO   IX

Para tener una idea de la arquitectura de la prision de Remedios, es sine qua nom visualizar una mansión en el campo de un terrateniente adinerado. En efecto, la casa era inmensa con una estructura redondeada, y en su interior, la habian fortificado con gruesas rejas para que los reos no se escaparan. Hay que imaginar que en un lugar tan reducto, pudieran caber 500 presos. Las celdas eran los cuartos de la antigua vivienda, y en cada uno de ellos se instalaban 25 cautivos. Es preciso senalar aquí que estos sentenciados no eran angelitos celestiales; no, estos condenados eran capaz de todo hasta de ser buenos. En el interior del penal habia un jardin con ciertas plantas que en realidad no constituian absolutamente nada en belleza para aquel lugar tan horrible; pero sin embargo, el seno de su suelo estaba exuberante de cuchillos enterrados que los presos guardaban para combatir a sus enemigos. Existia en aquellos tiempos una gran rivalidad entre los hombres de la ciudad de Sagua situada en el Norte de la provincia de Las Villas, y la ciudad de Cienfuegos ubicada en el Sur de la region central. Esta guerra entre estos 2 pueblos era a muerte. Los cienfuegueros se consideraban la segunda Habana del pais, y los sagueros que eran hombres demasiado orgullosos, no lo querian aceptar, y de ahí se producia sus desavenencias. Si bien existian otros reclusos de diferentes pueblos de la misma provincia que no tenian nada que ver en este lio; estos procuraban mantenerse al margen de la guerra entre Sagua y Cienfuegos. No obstante, aun que algunos no lo quieran, la amistad no conoce fronteras y siempre hay alguien que se relacione con otros de otra parte.

Ahora bien, el cautiverio tiene como objetivo fundamental, no solo danar el espiritu del hombre; sino tambien su cuerpo. La cara del reo adquiere un aspecto adusto, feo, rudo. tenebroso , por poco terrible. La reja, el cemento y el tiempo, se mezclan en una especie de componente quimico peligroso para deformar la apariencia fisica del cautivo.

He aquí que a este antro de seres olvidados por la sociedad y perdidos por el destino, arribo' Pedrito. Tan pronto entro' en la oficina de recepcion, le quitaron la ropa que traia, y le entregaron un uniforme color azul ribeteado con una lista blanca a los lados, y un par de zapatos plasticos. Después que se vistio', 2 guardias lo condujeron por un pasillo penumbroso, abrieron 2 puertas de hierro, y lo empujaron al interior del patio. No le asignaron cama, no le asignaron celda. Solamente a sus espaldas la voz de uno de los escoltas que lo traian, retumbo' las paredes del edificio.

--Carne fresca de primera.

Al oir este alarido, todos aquellos hombres faltos de costumbres domesticas, falto de carino familiar, y carentes por completo de mujer, salieron de sus madrigueras como lobos hambrientos buscando con la vista la presa deseada. Al ver a Bartolito tan bello de pie en medio del pensil, pensaron que se trataba de una ninfa que acababa de llegar del Olimpo. Sus ojos emanaban un brillo seductor, y sus mandibulas encetaron a segregar una especie de baba espumosa.

Al ver la aproximación de aquellos pretendientes, Bartolito comenzo' a temblar, nunca habia estado en este tipo de situación, su destino habia cambiado tan drásticamente en pocos dias, que no le habia dado tiempo a pensar, ni mucho menos a intuir lo que le pudiera deparar el destino. Su corazon estaba comprimido por tantos sinsabores, y su cerebro repleto de muchas ideas; pero la que mas le molestaba y era la unica que se revelaba mas a menudo en su turbada mente, era la del por que' todo a su alrededor se habia derrumbado tan repentinamente. Como todavía no se habia podido comunicar con ninguno de los suyos, la desesperación tambien hacia mella en su tierno corazon. Aun no habia cumplido los 18 anos; pero el fiscal le habia alterado el certificado de nacimiento para poder condenarlo como mayor de edad, y aplicar sobre el todo el peso de la ley.

Ahora alli, delante de aquella jauría de lobos que se avecinaban a devorarlo, hubo de ver surgir entre aquella muchedumbre, un hombre de mediana estatura, corpulento, su piel mestiza, y de rostro serio, se adelanto' hacia el frente de la turba, y abriendo sus brazos lateralmente, sugirió que todos se detuvieran. Este era un momento de crucial decisión, el advenedizo sabia muy bien que al realizar esta hazana se estaba jugando la vida.

--Este es hermano de un amigo mio, no puede haber problemas con 'el.—Grito' el intruso sin voltear a ver a nadie; solo observaba al hijo de Juan.

Por su parte Bartolito sintio' que el alma regresaba al cuerpo, y un ingente alivio acudio' a su pecho. Enseguida le tendio' la diestra al mulato que acababa de salvar su dignidad.

--Muchas gracias,--Dijo.—te agradezco profundamente tu auxilio; de no haber llegado a tiempo, no se que hubiera sido de mi.

El mestizo le estrecho' la mano.

--Yo soy Chispa, soy amigo de tu hermano Sirito, no creas que te has salvado del todo, --Le agrego' en voz queda.—esta gente no va a quedar conforme, muchos de ellos no han visto a una mujer por mucho tiempo; y cualquier hombre joven se les semeja a una hembra.

El hijo de Fela escuchaba todo esto atentamente, y comenzaba a comprender que su salvacion mero resultaba ser una tregua temporal. Tenia por tanto que subsistir entre aquellas alimanas, no podia darse el lujo de contar siempre con Chispa, 'el no iba a estar todo el tiempo a su lado.

Asi fue como todos aquellos hombres faltos de costumbres domesticas iban desalojando el patio sin pronunciar una palabra. Excepto, algunos hombres que quedaron alli de pie detrás de Chispa para apoyarlo en su decisión; la cual no miraban con buenos ojos, pues arriesgar la vida por un novato, no era un ideal logico a seguir. Estos hombres eran Cachimbe, Guali, Porolo, Catalan, El Guiji, Agujita, y los hermanos Bayan. Todos ellos eran oriundo de Cruces, y conocian muy bien a la familia de Bartolito; pero nunca se habian relacionado con 'el, ya que existia cierta diferencia de edad entre ellos, y allende a todo esto, Pedrito se crio' en las montanosas laderas de Potrerillo. No obstante, todavía no estaba impregnado en el magnanimo corazon de aquellos hombres, el abuso.

He aquí que se juntaron todos los de Cruces y comenzaron a platicar al respecto. Chispa inicio' la charla.

--Ten mucho cuidado, muchacho, no te fies de nadie, muchos de ellos van a tratar de fingir una amistad contigo con el objeto de atraerte a su lado, y luego violarte. Aquí suceden muy a menudo las guerras entre los ciudadanos de Sagua y Cienfuegos, esta es una guerra de nunca acabar, el jefe de los sagueros es un negro gigante que mide como

6 pies y 4 pulgadas, y tiene un carácter insoportable, este hombre se llama Humberto Figueroa, y el de Cienfuegos le dicen: "El Cativo", y es otro negro salvaje. Al punto que estas reincillas ocurren entre ellos, hay que estar muy a la expectativa; porque puede ocurrir un cambio de cabeza; esto significa que estas reyertas le sirven a muchos truhanes de subterfugio para realizar sus fechorias. En medio de este pandemonium es cuando cortan caras, nalgas, y tambien matan.

A medida que Chispa le explicaba a grandes rasgos todos los pormenores del habitad en aquella prision, en el interior del corazon del joven se iba produciendo una especie de metamorfosis. Por primera vez penso' en la muerte, ya estaba herido de bala, ya estaba a medio paso de la muerte; para que' queria seguir viviendo sin libertad.

--Necesito 2 cuchillos.—Intercedio' Bartolito intempestivamente cortando el sermón de Chispa. Aquellos hombres se observaron entre si, no podian dar credito a lo que acababan de auscultar; ya que si aquellos vocablos hubieran salido de la boca de algunos de ellos, hubiese sido creible; pero al otear de nuevo a aquel apuesto mancebo, y ver su cara relajada; no vieron el rostro de un angel; sino el de un espectro. Siguieron 2 minutos de silencio, y Cachimbe rompio' el hermetico mutismo.

--Y para que' tu quieres 2 cuchillos?

--Porque si es asi de peligrosa como ustedes me pintan esta jungla, no puedo andar desarmado. A quien se le ocurre ir sin armas a una selva?

Volvio' a surgir un "siope" entre ellos, y ahora eran los presidiarios los que se impresionaban de la ecuanimidad del joven.

--Y para que' tu quieres 2 cuchillos, si con uno solo te basta?—Interpelo' Guali quien tambien estaba impresionado.

--Con un cuchillo uso una sola mano, y con 2 uso las dos. El aguila jamas podria vencer a la serpiente con una sola garra.

Otra vez se creo' el mutismo, y no les quedaba mas alternativa a los otros de menear la testa para ambos lados, y resignarse a la contemplación.

Ulterior a aquella significativa conversación, hablaron con Paito Alpiza, otro paisano de Cruces, para que le resolviera una cama propincuo a la gente de Cruces. Al cruzar por en medio de la galera todas aquellas feroces miradas se enfocaron en el hijo de Fela, y sin prestar atención, continuo' su rumbo hacia el lecho que le habian reservado sus paisanos de Cruces. Todos ellos se habian mostrado muy esplendidos con 'el, le habian obsequiado sabanas limpias, toallas, cepillo dental, pasta de los dientes, jabon y desodorante. La toalla era de color azul, y venia envuelta de una forma rara, se la habia entregado Cachimbe, y le habia guinado un ojo; ya Bartolito supo que contenia en su interior. De pronto, sin que nadie pudiera evitarlo, un hombre negro procedente de Sagua llamado Aracelio, se dirigio' al grupo de los crucenses que rodeaban a Bartolito, y desafiando a Cachimbe, le amonesto' estas siguientes palabras.

--Que' vola', acere? Cual es tu vuelta? Tu no sabes dividir entre 2?

Por lo regular la mayoria de los negros presentan los labios gruesos, esta es una caracteristica natural muy peculiar a su naturaleza; sin embargo, Aracelio tenia los "kheilos" escualidos. Le gustaba exhibir su blanca dentadura, cuando hablaba no podia cohonestar el marfil de sus dientes. Cachimbe lo contemplo' detenidamente, pues no esperaba un percance tan pronto; mas su sexto sentido le advertia que aquel saguero andaba buscando pleitos.

--Por que' te expresas asi de tan retorico modo que apenas entiendo tu lenguaje?—Interpelo' Cachimbe con tono pausado, pero firme. El conocia muy bien aquel lenguaje callejero; pero en la prision el tiempo es un factor fundamentalisimo para resolver una situación embarazosa. Hacia mucho tiempo que Aracelio no queria a Cachimbe; según su analisis personal, creia que Cachimbe comulgaba mas con los cienfuegueros que con los sagueros. No es menos cierto que Cachimbe siempre conversaba con Louis Sana' de Cienfuegos, y habian poco a poco concertado una verdadera amistad; y esto de cierta manera molestaba a los sagueros, y en especial a Aracelio que se consideraba el segundo después de Humberto Figueroa. Lo mas interesante de aquel dilema, era que Aracelio habia sido enviado alli a buscar grescas bajo una orden del Alto Mando de Sagua, y como ellos sabian que Aracelio no queria a Cachimbe, lo habian elegido a 'el para llevar a cabo tal empresa..

--Bah, Cachimbe, tu me comprendes,--Aracelio oteo' de soslayo a Pedrito.—eso es mucho para ti solo…

---Senor, Aracelio, ---Tercio' Pedrito degradando el tono de voz.---parece ser que usted es el hombre mas arriesgado en este penal…

---Asi es.---Contesto' el saguero observando de arriba a bajo al hijo de Juan. Le resultaba impresionante que aquel Adonis se inmiscuyera en la conversación. En ese momento Aracelio penso' que el muchacho lo hacia porque estaba protegido por la turba de Cruces.

---Y si es asi, por que' te dejaste apresar?...Por que' no te peleaste con la policia a muerte?...No te causa vergüenza que un hombre tan valiente como usted, tenga que obedecer a los guardias, y sobre todo esperar como un cordero manso la llegada del dia en que debes salir en libertad?

Un rictus amargo afloro' a la macabra facie del saguero, miro' con odio al guajiro de Potrerillo. Se disponia ya a saltar sobre el joven; mas Chispa atento a todos los movimientos de Aracelio, iba a brincar sobre 'el en ese preciso momento; pero Cachimbe no le dio' tiempo.

Mas veloz que una centella, se llevo' las 2 manos atrás de la espalda, alzo' su camisa, y apoderandose de un corto machetin de doble filo, lo hundio' 7 veces en el pectoral derecho de Aracelio. Un quejido seco se escapo' de aquella ringlera de marfilenos dientes, se tapaba la herida con la mano izquierda, y con la derecha procuraba contener la furia de Cachimbe. La tibia sangre corria a borbotones, y los demas de Cruces se dispusieron a frenar el ímpetu de su paisano.

Entre tanto esto acurria, y todos estaban entretenidos en la pelea, un brazo derecho, vigoroso, moreno, llego' por detrás, enyugo' el cuello de Bartolito, mientras la mano izquierda le tapaba la boca. Asi como un cocodrilo muerde en sus asquerosas fauces la carne tierna de un inofensivo cervatillo, y lo arrastra hasta el medio del hediondo pantano; asi tambien aquel gorila acarreaba a Bartolito para el cuarto del bano. Pero de pronto, subito como un reflejo, un punal paso' como un rayo por encima de la capite de Pedrito, y se fue a clavar en el cuello del mastodonte que lo aprisionaba. La roja sangre de aquel gigante bano' toda la testa y cara del hijo de Juan, quien al verse libre de aquella tenaza, miro' asustado a aquel titan que se apretaba el cuello con las 2 manos, tratando de parar la sangre que corria a borbotones. No gritaba, no gemia, no podia decir nada, su boca estaba repleta de cruor, solamente se tambaleaba de un lado a otro, estaba herido de muerte, y no podia quitar la vista de encima de su asesino. Fue desplomandose poco a poco hasta que por fin perecio' en el suelo. Acababa de morir Humberto Figueoa de Sagua, y no lo habia matado un cienfueguero; sino Lulu' deYaguajay. Co este suceso, acababa de iniciarse de nuevo la lucha entre los 2 bandos, todos corrian de un lugar a otro para buscar sus armas.

En ese preciso momento llegaba alli Winchester de Sagua; quien informado de todo lo que estaba aconteciendo en el pabellón # 5, dejo' su trabajo de cocinero, y empunando un sendo cuchillo en la mano derecha, y una lata de café caliente en la izquierda, llego' al area de batalla. Lo primero que vio' fue a Humberto Figueroa muerto; después al vehemente Aracelio herido gravemente; y su primera reaccion fue lanzar la vasija de liquido hirviendo al grupo que rodeaba a los lesionados. Todos los presentes esquivaron el tiro, y el recipiente fue a dar de lleno en la cara de Coco' de Cienfuegos. Ha de verse aquí que mas rapido que un ciclon Coco' quemado en el rostro fue a su litera, levanto' la colchoneta de su cama, y extrayendo una daga de doble filo, partio' en busca de Winchester quien ya lo estaba esperando en guardia; pero tanto en la selva como en la sociedad, existen seres que todo el tiempo estan a la expectativa de los sucesos que le convienen; habia un hombre enano y cebezon, apodado Cabeza de Oriente, que odiaba a Winchester, unos dias atrás habian cruzado algunas palabras, y ya la pelea estaba cazada, mero faltaba el tiempo y el espacio; y esta oportunidad llego' para Cabeza, quien viendo a Winchester esgrimiendo con Coco', se acerco' por detrás, y le ensarto' un machetin por la espalda y la punta salio' al otro lado del pecho de Winchester, quien al sentir aquella puñalada trapera, abrio' las cuencas oculares en exoftalmia, despego' las bembas en una mueca horrible, solto' un grito de espanto, doblo' las corvas de los pies, y cayo' de bruces al embaldosado piso. La vermeja sangre comenzo' a fluir inconteniblemente, al "tauto cronos" que el alma se separaba del cuerpo.

Para este entonces ya todo el penal sabia que se estaba librando tremenda batalla en la galera #5. La noticia se rego' como polvora, los guardias no actuaron en el primer momento, se hicieron los desentendidos; pues les convenia que hubieran varios muertos, para poder despejar un poco la superpoblacion de la carcel. Mas los sagueros que estaban pendiente a todo, y no querian ser facil presa para los cienfuegueros, se dirigieron al patio y desenterrando las armas, partieron para la guerra en la barraca #5.

El Cativo, el jefe de los cienfuegueros en ese instante hallabase sentado en un rincón del vergel, jugando ajedrez con Silvio Chaviano de Santo Domingo, cuando al oir el alboroto de los sagueros, se puso de pie, y al quitar la vista del tablero, Silvio Chaviano saco' su estilete, y lo clavo' en el estomago del Cativo, quien al sentir aquel hierro cortante perforar sus entranas, e intuir que la perforación habia sido mortal, sin apenas poder alzar la voz, ya que el dolor no se lo permitia, musito' las siguientes palabras entrecortadas mientras se sujetaba al mango de la espada.

--Yo creia que tu eras mi amigo, yo te cuide' mucho aquí en la prision…--No pudo finalizar la arenga, pues una lluvia de machetazos, procedentes de 5 sagueros que no fueron al pabellón #5 y quedaron a la retaguardia para auxiliar a Sivio, cayeron sobre 'el; dicen los que vieron aquella desgarradora escema que el Cativo parecia una pantera herida luchando entre tantos hombres armados.

A poco aquellos sagueros descuartizaron al Cativo, fueron corriendo a saldar una vieja cuenta que les debia Raul "El Loco" de Cienfuegos; alli estaba el echado en la cama profundamente dormido. No sabia nada de lo que estaba ocurriendo a su alrededor. Empero, una persona tambien oriunda de Cienfuegos, se trataba de Eugenio Estable, quien siendo supuestamente paisano de Raul, hacia mucho tiempo que venia acechando a Raul, y se adelanto' a los sagueros. Sigilosamente se arrimo' a la litera de Raul, alzo' la lanza que portaba entre sus 2 manos, y la hundio' en el estomago del "Loco". Aquel hombre se desperto' gritando, y se levanto' de la yacija con aquel venablo afondado en el abdomen. Miraba a Eugenio, le pedia auxilio; pero su voz se esfumo' de sus labios cuando un machetazo de uno de los sagueros, le corto' la cabeza.

Siguieron los sagueros buscando enemigos de Cienfuegos, y ahora el turno le tocaba a Papito "La Pela', y "El Meme". En cuanto a Papito al oir que lo andaban buscando, se escondio' en un espacio entre 2 paredes que solamente podia caber ahí: una escoba y un trapeador. Los sagueros pasaron corriendo con los machetes en las manos muy cerca de 'el, y no pudieron verlo.

Es sine qua nom hacer una disgresion en este relato y hablar sobre Papito "La Pela" en terminos psicologicos… Quien era Papito "La Pela"?…Papito "La Pela" era un asesino; pero tambien era homosexual. Era el perfecto asesino de las películas de terror en Hollywood. Parecia fisicamente un monstruo, se cortaba el mismo con navajas de afeitar. Al punto que se desequilibraba el nivel de hormonas femeninas en su sistema endocrino, ansiaba matar; pero no lo hacia con armas; sino con las manos. Durante su periodo en cautiverio, habia estrangulado a 2 presos. No obstante, le temia al palo, cualquiera que le sacaba un garrote de madera; huia…Ahora bien, que sucedia psicológicamente en el cerebro de este enfermo?… Si un neurologo le hiciera un operación en el craneo y le abriera el cerebro, observaria que su glandula pineal estaria mas grande que lo normal; esto se debe a que como era homosexual, tenia acumulada mas endorfina en la Hipofesis que lo normal. En este caso, la glandula

Pineal sirve de centrifuga a las hormonas, y cuando por equis motivos, la percepción que se obtiene del exterior a traves de los organos sensoriales, es negativa, la Hipofesis se dispara automáticamente, y la hormona femenina se apodera de todo el sistema nervioso, no dejando cogitar la mente. A partir de este instante, la glandula Pineal esta vulnerable para que energias de ultratumba se posesionen del cuerpo. En esta fase entra el estudio de la Parasicología. Por ello cuando se celebran misas espirituales, es necesario invitar a mujeres u homosexuales que son permeables a la transición del espiritu…En conclusión, un asesino en serie no es mas que un desequilibrado mental, cuyo nivel de hormonas femeninas es mayor que la masculina.

En el interin que los sagueros buscaban a Papito "La Pela", el "Meme" intuyendo entonces que su muerte estaba cerca, decidio' raudo que la mejor manera de salvar su pellejo era correr hacia la posta del guardia en la entrada del penal. Al punto que el guardia lo vio' venir a cierta distancia, le indico' que se detuviera; pero el "Meme" no podia frenar su movimiento; porque si no, el machete lo pelaba. Al momento, el soldado rastrillo' el rifle, y disparo' un tiro al aire; de inmediato los demas oficiales corrieron a sus armas, y desplegando las agudas ballonetas, entraron al penal. En el acto se formo' alli un enorme pandemonium que ya no se sabia quien era quien.

El valiente Chispa de Cruces tuvo una idea genial y prendio' fuego a la barraca, el dia estaba caliente y las llamas hallaron propicio el pasto que buscaban. Todo el pabellón era de tablas, y las sabanas de las camas, servian de un formidable combustible para el fuego. Todos los reclusos comenzaron a correr en desbandada; excepto la gente de Cruces que Chispa les insto' que se quedaran; ya que tenia para ellos un plan de escape perfecto. Apenas los de Cruces estuvieron solos, Chispa se metio' debajo de su cama, y desalojando una losa del piso, aparecio' ante los ojos de todos, un hondo agujero. Ipso facto, se dejo' caer Chispa a la oscura fosa y en pos de 'el, lo imitaron los demas crucenses.

El tunel presentaba la forma de una escuadra, tenia 10 pies de alto, 4 pies cuadrados de ancho, y el largo llegaba hasta el alcantarillado de la ciudad, esta era la parte mas difícil de la expedición; ya que el agua estaba contaminada con la porqueria de los ciudadanos del pueblo de Remedios.

Asi fue como los crucenses abandonaron la prision, el ultimo fue Wali quien cubrio' la tapa del hoyo. Después de haber descendido por la linea vertical a la horizontal, anduvieron largo rato en medio de la oscuridad y la peste, hasta alcanzar el albanal de la ciudad. Aquella agua putrefacta les llegaba a las rodillas, lo que obstaculizaba un poco la rapida locomoción. Como Bartolito aun no se habia recuperado del todo de la herida de bala que le habia hecho el comandante Contreras, sintio' desfallecer su fuerza de animo, y una especie de mareo inundo' todo su ser. No quiso advertir a nadie de su desmayo, ya les habia causado bastantes problemas a la gente de Cruces, simplemente se limito' a buscar una piedra a un lado del pasadizo, y recostando la espalda a la humeda pared, cerro' los ojos para esperar que pasara el vertigo.

Al "tauto cronos" los paisanos de Cruces no se dieron cuenta del retraso de Bartolito, y continuaron su exhaustiva caminata por aquellos senderos cenagosos y pestilentes; un rato despues por fin arribaron al cano principal de desague de la ciudad, y a cada 100 metros se divisaba un reflejo de luz que filtrabase a traves de las rejillas de la calle de arriba. Se arrimaron los crucenses a una de ellas, y cuando la escasa luminosidad los alumbro a todos, notaron que faltaba Bartolito. Chispa quiso regresar a buscarlo; pero la mayoria de ellos se opusieron, ya habian padecido bastante con defender al muchacho. Se trataba de la libertad de todos ellos, y no podian darse el lujo de perder mas tiempo. Una fuga es como una guerra, el que cayo', perdio'.

No tuvo mas opcion Chispa que hacer caso a la mayoria, y con el dolor de su alma, prosiguieron su empresa. Lo primero que hicieron fue trepar al Guiji en los hombros de Felipe "El Pulio" y destapar la reja que aseguraba el drenajo de la calle. Antes de realizar esto, el Guiji coloco' su oido izquierdo a la superficie, y al no escuchar nada, quito' la estructura de hierro, saco' la mitad de la cabeza, como si fuera un Topo, y al respirar el aire libre, un viso de felicidad asomo' a su rostro. No se perdio' ningun tiempo, y como la desesperación es mala consejera de la seguridad, quisieron todos salir inmediatamente a la anhelada libertad, y dado a que eran muchos, no pasaron inadvertidos a los ciudadanos del pueblo que enseguida comenzaron a gritar, ya se habian enterado que en la carcel del centro, habia habido un motin, y varios reos se habian fugado.

En Cuba muy pocas gentes poseian telefonos en sus casas; mas los integrantes del gobierno, casi siempre lo tenian. Sin perdida de tiempo, alguien telefoneo' a la policia del terruno, y rapidamente se llevo' a cabo la persecución de los profugos de la justicia. Desafortunadamente uno en pos del otro fueron cayendo presos, y cuando los tuvieron a todos encarcelados, el jefe de la guarnicion del penal, se dio' cuenta que le faltaba uno: el mas importante, el principal.

❧

Cuando el filosofo griego Zenon de Elea agarro' un arco y una flecha y estirando la cuerda lanzo' la saeta a un arbol vecino, le pregunto' a sus alumnos si vieron que la punta penetro la corteza del tronco, y todos respondieron que si. En ese momento el sabio Zenon observo' a su alrededor para que nadie lo estuviera espiando, y le planteo' a sus discipulos que no. Todos los pupilos se quedaron estupefactos ante aquella contradictoria enunciacion, y Zenon para ayudarlos, les asevero' que si dividian la distancia que el arpon habia recorrido para encajarse en la mata, seria infinito; por lo tanto, la flecha jamas tocaba el arbol. Pero Bartolito estatuia que si se sumaban el infinito de Zenon, mas el infinito del arco y la flecha, mas el infinito de la distancia recorrida por la flecha, y el infinito del arbol, y la suma de todo esto se dividia en el infinito universal, daba como resultado: 1.

Hoy en dia el principio fundamental de la cinematografia esta basado en la flecha de Zenon.

Ahora bien, si S = f(t) que es la funcion de la posición de la flecha de Zenon moviendose en linea recta hacia el arbol,; entonces delta de(S) entre delta de (t), representa el averaje de la velocidad de la flecha sobre el periodo de tiempo en que recorre el trayecto que es delta (t). Tenemos pues que la velocidad de esta famosa flecha se puede determinar dividiendo la derivada de (S) entre la derivada de (t)…Por supuesto que la posición de la flecha esta dada por la ecuación:

$S = f(t) = t3 - 6t2 + 9t$

CAPITULO   X

En Cuba todo el ano llueve, hay algunos meses mas secos que otros; pero por lo regular, siempre llueve. Uno de los meses mas acuoso del año, era Agosto, y en este mes, ese dia que se efectuo' la fuga de la carcel, habia caido tremendo aguacero y todas las tuberías de la ciudad de Remedios estaban inundadas de agua.

Al punto que Barolito se sento' a descansar, se quedo' profundamente dormido, solo vino a despertarse cuando el nivel de agua sucia, le cubria el pecho. Rapidamente se incorporo' de su rustico asiento, y el agua descendio' hasta un poco mas alto que las rodillas; pero continuaba aumentando su nivel. En seguida su poderosa intuición le advirtió que tenia que salir de alli lo mas antes posible. Como aun se encontraba débil de salud, no podia andar a grandes pasos en aquella cantidad de liquido y ora se dejaba caer para que la corriente lo arrastrara, ora caminaba.

Delante de su vista se exhibia un enorme tunel bastante oscuro por la aproximación de la noche, y la escasa luz que filtrabase por las endijas de las rejillas. A todo esto su sexto sentido le advertia que no saliera al exterior por aquellas aberturas. De pronto oyo' un ruido seco detrás de el, alguien o algo se acercaba sobre el caudal de la corriente; ipso facto, Bartolito se pego' a la humeda pared del subterraneo a aguardar lo que era, y pudo vislumbrar a cierta distancia, un pedazo de tronco de mata de coco, con un largo de 5 pies, y un diámetro de 1 pie de ancho.

Bartolito al verlo penso' que aquel madero seria la nave de su salvacion, y arrojandose sobre 'el, lo abrazo' como si fuera una mujer, se trepo' sobre el madero, se acosto' boca abajo, e iba dirigiendolo con las manos. Paulatinamente el nivel de agua sucia fue aumentando, y con ello, la corriente se hizo mucho mas vertiginosa. Ya la situación para aquella navegación subterranea se puso tan dificultosa, que la destreza de Bartolito no e permitia dirigir con facilidad aquel fibroso torpedo.

Al cabo de 2 horas el albanal desemboco' en un caudaloso rio, y la navegación de Bartolito continuo' su curso a una velocidad mucho mas mayor que la anterior. Solamente le quedaban 2 alternativas: abandonaba el tronco, o, seguia montado sobre 'el. Como ya el sol habia escondido sus ultimos rayos de luz, la siniestra noche hacia gala de su majestad. La lluvia y la oscuridad eran ahora los favorables complices del Adonis de Fela, y a medida que aquella improvisada embarcación se iba adentrando en la zona rural, el hijo de Juan se sentia comodo en su elemento. Hay que recordar que habia nacido y criado en el campo.

Ulterior a haber navegado por largo rato, el rio desemboco' en el mar del Norte de Cuba, y las las olas lo acarrearon a la playa de Caibarien. Ya era eso de las 12:00 de la noche, cuando dejo' el tronco y se tiro' boca arriba en la mojada arena. El aguacero ya habia cesado, y sobre su cara se cernia un gigante manto de estrellas. Alli se veia la infinitud, la libertad, y 'el en ese instante tuvo una idea. Su mente comenzo' a funcionar de una manera rara, y coligio' que si el hombre habita en la tierra, y 'esta pertenece al sistema solar, y 'este compete a una galaxia nominada Via Lactea, y 'esta a un universo aun indefinido por el hombre; por propiedad conmutativa el ser humano es infinito.

Inescrutable, repleta de alegoria, sibilina, paliativa, hechizante, con esos tentadores encantos que semeja el alma intrigante de una mujer frivola, la brillante luna se evidenciaba diafana sobre la faz irregular del hemisferio occidental. La noche resultaba sin lugar a dudas, su confidente complice. A esa hora nocturna en que imperan las tenebrosas tinieblas, donde las diurnas aves recesan el cotidiano vuelo para proporcionar descanso a sus luengas alas; ya que la lucha diaria por la existencia requiere reposo, sosiego, y es por ende el dulce sueno, quien con sus sedosos brazos, nos brinda esa quietud pasmosa que tanto se necesita.

En ese momento en que Pedrito se hallaba intrincado en una reflexion sin medida, procurando controlar el sueno, hubo de auscultar un ruido extrano muy propincuo a 'el; se incorporo' enseguida, y presto' atención a lo que acontecia cerca de 'el. Vio' a cierta distancia que se aproximaban 4 adultos y un infante, andaban de prisa, y murmuraban palabras en voz baja, 'el se escondio detrás de unos arbustos de mangle rojo y desde su atalaya oteaba todo lo que alli ocurria; llegaron a la playa los advenedizos, uno de los adultos encendio' una linterna y hacia senales de luz en direccion al mar. Bartolito aun no podia entender lo que estaba ocurriendo, y miles de especulaciones le surcaban el cerebro. Al cabo de 30 minutos vislumbro' a lo lejos que una silenciosa embarcación se arrimaba a la playa.

Cuando hubo de estar rayano la nave, otro de los adultos levanto' al pequeño, lo cargo', y todos penetraron en el agua salada abundosa en peces. Entretanto ellos montaban en la chalupa, el hijo de Fela coligiendo lo que sucedia, se deslizo' en la playa como un pez, y sin hacer el minimo ruido, se avecino' a la canoa; no bien hubieron todos los extranos embarcado, el bote comenzo' a retirarse de la orilla, y con 'el, Bartolito tambien se iba agarrado a un perno de la parte trasera.del bote. Asi estuvo por espacio de 30 minutos hasta que la barca se detuvo al lado de otro navio mas grande.

Acto seguido, los 4 mayores y el infante montaron en el bagel mas grande, todos los movimientos se desarrollaban en absoluto silencio, la canoa en que habian llegado comenzo' a alejarse, Bartolito se zambullo' para no ser visto, y nadando submarino, busco' la parte ultima del barco, y volvio' a segundar la operación de colgarse de la clavija. Pero desafortunadamente, cuando el barco echo' a andar, la velocidad de esta ultima nave era mucho mas mayor que la otra, y la resistencia que brindaba la presion del agua era tambien mas grande. Los pantalones del Adonis comenzaron a deslizarse poco a poco de la cintura hacia abajo, no podia soltar la agarradera que tenia sujeta, nadie en el interior del barco se habia dado cuenta que alguien venia sujeto a la zona de atrás.

De pronto, un monstruo marino de esos que se llaman tiburón, mordio el extremo inferior del pantalón, y las grandes sacudidas de la boca del gigante pez, sarandeaban a Bartolito de un lado a otro como si fuera una bandera liada a un asta de metal. El ingente panico se apodero' del muchacho, y realizando un esfuerzo enorme porque el vigor de los musculos y la dolencia de la herida, aun no estaban reestablecidos, salto' hasta el borde del navio, el tiburón le halo' el pantalón dejandolo en panos menores, y Pedrito cayo' en el area segura dentro del yate. Incontinenti se cubrio' las partes verendas, pero nadie lo estaba mirando, ya todo los tripulantes conversaban en el interior de la nave; excepto el timonel que guiaba hacia el Norte la silenciosa embarcación. Bartolito no perdio' tiempo, y se oculto' detrás de uno de los tabiques que protegian la cabina de mando del piloto.

✂

Que' es el amor?...Oh, perverso Eros!...El amor es un toxico contraproducente, mixtura icterica de componentes viricos en omnimoda infeccion, los cuales sumergen las benevolas almas en una laguna putrefacta y pestilente de similar estructura a las burbujeantes fumarolas de la isla Santa Lucia, cuyos crateres emanan gases sulfuricos y altas columnas de vapor hediondo que se elevan hasta el divino Olimpo, y despiertan el sagrado sueno de la bella Afrodita...Esta diosa de mala voluntad, enferma con sus sutiles encantos los corazones de los jóvenes, de los adultos, y tambien de los viejos, y los hunde lentamente en esa fosa apestosa que llaman: matrimonio...Por que el nino Eros no crece y alcanza la horrible senectud?...Por que se mantiene nino?...Acaso siendo vastago de Dioses tiene miedo desarrollar su fisico y su alma para que sea diana facil de sus propias flechas?

✂

La vana voz a los infiernos pasa,

Y mora entre los muertos el silencio,

Y de los hombres en los tristes ojos

Cae un funesto y tenebroso velo.

Todo sin detencion al orco baja,

La riqueza y virtud van a este extremo,

Y al que mas huye y resistir procura,

Suele la muerte arrebatar mas presto.

Baquilides.

ဢ

CAPITULO XI

En ese mismo ano, en la isla Contadora que estaba situada en la costa de Panama', se celebraba una reunion secreta muy importante entre 3 poderosos mafiosos de diferentes paises. Uno era de China llamado Hau Pin Pon, un arabe nombrado Ibrahin Al Katar, y Jorge Bullshit oriundo de Texas. Estos hombres eran muy ricos, y cada uno de ellos habian heredado la fortuna de sus antepasados. Según se contaba por doquier, ellos no habian contribuido a fomentar estas riquezas; pero ahora se proponian a expandir sus erarios. Ahora alli en la isla Contadora, se habian congregado ellos para discutir sobre la ganancia mundial. Los 3 querian una parte equitativa de todo el dinero del mundo.

Jorge Bullshit se hallaba sentado al borde de la amplia y barnizada mesa, platicando en ameno simposio con sus colegas extranjeros. Los 3 hablaban en idioma ingles. El jefe de la C.I.A. agotado por una faena rebullida, se habia desprendido del saco, y se exhibia en dicha reunion con las mangas de la camisa replegadas, ostentando en la muneca de la mano zurda, un costoso reloj marca "Bertolucci" elaborado en oro macizo en la capital de Suiza. Este objeto de lujo se veia festonado con 12 diamantes en el interior de la esfera, los cuales representaban la reglamentada consignacion de las horas. Por fuera, alrededor de la corona, contabanse 36 diamantes que convertian la pieza en una verdadera joya valiosa. Esta prenda fue un obsequio que en otro tiempo le habia hecho su padre, y 'este la habia recibido de los asesinos nazis.

El chino deseaba vender en su pais todo el petroleo que el arabe le suministrara, y el arabe por su parte necesitaba para resolver esto, una ayuda del norteamericano... Pero cual tipo de auxilio podia brindar el tejano?...Una muy grande...Jorge Bullshit habia sido entrenado por su padre, un excolaborador de los asesinos nazis, para ocupar el eminente e importantisimo cargo de jefe de la C.I.A. Con este puesto, podia hacer y deshacer en cualquier parte del ecumene, lo que le viniera en ganas. Su padre todo el tiempo le habia explicado que el trabajo del espionaje siempre tiene doble ventaja; porque disfruta de las prebendas de las 2 partes, enganandolos por igual. Cuando el padre de Jorge se juntaba con los asesinos nazis, decia en America que los espiaba; y viceversa. Cuando los asesinos nazis perdieron la guerra, el padre de Jorge quedo' frente a los americanos como un heroe invencible. Y de ahí, siempre le indico' a su hijo que nadara en 2 rios, por si acaso uno se secaba, le quedaba el otro.

Ahora bien, cual utilidad podian ofrecerle aquel chino y el arabe a Jorge Bullshit?...Una muy grande: el absoluto control del universo...Jorge Bullshit era un hombre totalmente fanatico, anhelaba tanto el poder supremo que ansiaba a ultranza, semejarse un Dios...Como era jefe de la C.I.A. tenia el poder de quitar y poner al presidente de cualquier pais cada vez que quisiera. Ya tenia controlado casi todo el globo terraquio, nada mas le faltaba algunos paises asiaticos, y otros arabes; pero en esta secreta asamblea, se proponia apretar aun mas los cabos que andaban sueltos.

Por su parte, el arabe Ibrahim Al Qatar, habia estado ocupado un tiempo atrás, en la elaboración de una sustancia quimica que iba a ser el virus mas deletereo que la humanidad haya conocido. Se trataba del (S.I.D.A.).Ibrahim pensaba que esta epidemia letal iba a causar mas dano a la humanidad que la misma bomba atomica, y que los planes de Jorge Bullshit, estaban muy por debajo de su proyecto. El arabe pensaba que el factor genetico jugaba un papel importantisimo para su plan. El sabia que toda funcion celular depende en grado sumo del ministerio del sistema endocrino; el cual se comporta en univoca praxis con el medio ambiente. Esta red de glandulas secretoras es el ingenio superior en regularizar la irrigacion de hormonas en la sangre, y suelen tambien modificar las actividades esenciales del organismo humano; es por lo que se verifica que un nino pudiera nacer afeminado; sin necesidad de que su padre lo haya sido. Este catastrofico descontrol lo ejerce la glandula Pituitaria, parte constituyente del cerebro, y esta dividida en 2 partes: el lóbulo anterior, y el posterior.

En la antigüedad, los sabios basados en su escasa tecnología, llamaban al virus de inmunodeficiencia adquirida,(V.I.A.): Paludismo,o, enfermedad caballal. Los infectados con tal síndrome, perecian de la identica manera que fenecen ahora. Estos síntomas se manifiestan a favor fiebres con altas temperaturas, dearreas incontrolables, disecacion de la epidermis, etc,etc,...Nada ha cambiado desde aquel tiempo hasta ahora. Todo sigue igual. En aquel pasado se barruntaba que el agente transmisor de la epidemia podia ser el mosquito Anofeles; sin embargo, ahora en la actualidad, se ha recabado la conclusión, de que la causa principal de este mal, es el propio Ibrahim Al Qatar para danar la sociedad norteamericana.

De esta guisa, los tecnicos arabes de la genetica extrajeron del ganado porcino masculino, sus vitales testículos, y realizando exameners minuciosos al auspicio de un potente microscopio electronico, escogieron sus celulas infectadas, y la injertaron con las del humano; ya que cuando se ejecuta este tipo de transición, sus genes de ambas partes, producen una especie de proteina, las cuales en un momento determinado, pudieran suprimir una respuesta inmune. En otras palabras resumiendo lo que acabamos de decir, podemos concluir que se puede fácilmente transplantar organos vitales, como el corazon, higado, y rinones de un puerco a un humano.

A Jorge Bullshit no le agradaba mucho la idea de su colega Ibrahim Al Qatar; pero tampoco se oponia. Mucho mas le gustaba que Ibrahim reclutara sicarios y colocaran bombas para aterrorizar la población. Le gustaba mas la polvora que la medicina; pero Ibrahim no le hacia caso, y continuaba en su proyecto.

En vez de contratar sicarios, selecciono' un conjunto de cientificos persas, los cuales tuvieron la iniciativa de seleccionar una celula cualquiera del cerdo, y desintegrando en partes equitativas el par de cromosomas # 10, le injertaron una citosina procedente de un gen de un mosquito contaminado con la fiebre caballal, la cual al entrar en contacto con otro medio sano, tiende a obstruir la producción de una "ENZYMA" primordial, denominada:"ADENOSINA DEAMINASA"; sin esta sustancia quimica, todas las celulas sanguineas del equipo inmunizador quedan automáticamente inmovilizadas.

Es preciso mencionar aquí que el cuerpo humano esta constituido por 100 trillones de celulas organicas, y cada una de ellas esta' formada por un núcleo y un citoplasma. En su núcleo es donde se hallan los genes principales que monitoran la vida, y son descendientes de las hormonas del padre y la madre. A estos elementos motrices de la vitalidad, los bioquimicos James Deway Watson, y

Francis Compton Crack, los nominaron:"ACIDOS DESOXIRRIBONUCLEICOS."

Asi fue como Ibrahim comenzo' a poner en practica su experimento, y jamas penso' que su virus iba a alcanzar proporciones indeterminadas. A pesar de que la mayoria de las organizaciones religiosas y estatales iniciaron fuertes campanas para combatir el mal; empero las prostitutas y los homosexuales continuaban propagandolos. ..El delirio es un diablo vestido de rojo, y principalmente los homosexuales no gustan de usar el sintetico condom…Si el conde Condom, medico personal del rey Carlos II, hubiera sabido que su nombre iba a quedar en la historia como uno de los inventos mas protectores para la salud, hubiese ideado entonces, en vez de una tripa curtida de un cordero, un protector mas adecuado con el intestino delgado de una mula, para que por respeto a la castidad las mujeres de hogano no fornicaran tanto.

ය

Según el dictamen final de los fisicos: Schrodinger y Bohr, el electrón mero emite radiación, si, y solo si, cuando saltan de una envoltura mayor a una menor.

ය

--The fear,--Dijo Jorge con voz energica.—is the main porpouse to control every body. You guys are coming to me looking for help, and I will give you military help, I can do that any time I want it; but,-- Jorge hizo momentaneo silencio, su mirada fria se clavo primero en los ojos semidormidos del chino, y luego en la facie macabra del arabe.—you guys have to pay me in advance. It's not easy to convince a country to move to war; we need some excuse; and I have to pay to prepare that excuse.

--What about oil instead Money?—Sugirio' el arabe. A lo que Jorge Bullshit, le presto mas atención. No le parecia mal la oferta, el petroleo generaba mucho dinero. En este punto, el chino abrio un poco mas los ojos; porque su plan consistia en consumir todo el aceite de Arabia Saudita.

--What about me?—Protesto' el asiatico con tono firme.

--Relax,--Intercedio' el arabe con voz suave.—the oil of my country is for you; but the petroleum of my neighbourds are for my friend here.—Senalo' con la mano derecha a Jorge.

--Whichs neighbourds are you talking about?—Objeto' el gringo escéptico.

--Irak and Kuwait.—Repuso laconico el arabe.

--How are we going to do this?—Interpelo el tejano dubitativo.

--Easy, do not worry about it. I am going to prepare the excuse you need to move you military force to war.

❧

Ya amanecia cuando Helios, hijo de Eurifesa y el titan Hiperion, uncia su carrosa de fuego a los 4 corceles briosos que debian transportarlo al palacio de oro que, según cuentan, se halla en el poniente horizonte aledano a la escabrosa tierra de Colquis. En esa misma tierra, según cuentan, Jason conocio a Medea.

Bartolito fue despertado por la punta de la bota de un policia de la seguridad maritima de Los Estados Unidos. El bote que habia abordado desde Cuba, acababa de ser interceptado en alta mar por un barco guarda costa de U.S.A. Los guardias de las costas norteamericanas, detuvieron la nave procedente de Cuba, desalojaron a todos los pasajeros, y tambien al hijo de Fela. Ninguno de los tripulantes sabian que Bartolito viajaba con ellos; por lo que a la hora de declarar a las autoridades aduaneras, informaron que no conocian al muchacho, y que jamas lo habian visto.

Como el hijo de Juan andaba en calzoncillos, le entregaron un pantalón militar, y dado a que nadie lo conocia, le ataron las manos con ferreas esposas detrás de la espalda, y se lo llevaron preso. Todos montaron en la lancha estadounidense, y partieron con rumbo a Cayo Hueso. Durante el trayecto, uno de los gendarmes que hablaba muy bien el español, interrogo al hijo adoptivo de Laureano.

--Como te llamas?

--Pitagoras Ayon Levine.—Bartolito mintio, tenia que hacerlo; quizas ya su nombre estaba circulando por toda la isla. Y como se comentaba por doquier que Fidel Castro cooperaba con la C.I.A., no queria arriesgarse.

--Que' adad tienes?

--Diecisiete anos.

--De que parte de Cuba eres?

--Naci en Cruces; pero me crie en Potrerillo.

--Por que' te trepastes a ese bote sin conocer a esa gente?

--Vi la oportunidad correcta; si le hubiera pedido permiso a ellos, no creo que me lo hubieran dado. Yo nada mas quiero arribar a Los Estados Unidos, y después continuar mi viaje a Europa.

--A Europa!—Respingo' el alguacil incredulo. La respuesta del reo lo habia desconcertado, y ahora el cuestionario tornabase un poco dudoso.—Que vas a hacer en Europa?

Bartolito no era tonto, y conocia muy bien que la mejor manera de desconectar a los preguntones, era variando el tema.

--Soy filosofo, y quiero encontrarme con la mata de la filosofia.

--Ja,ja,ja,ja, tu "filosofo"!—De pronto el oficial le abrio la camisa y le examino la herida del pecho.—Y ese hoyo, parece un tiro. Quien te disparo?

--A un amigo se le fue un tiro, y me dio sin querer...

--Que raro! Ayer se escucho por todas las radios cubanas que hubo una reyerta en la prision de Remedios, varios presos se fugaron, los agarraron a todos; excepto, uno, el mas valioso. No seras tu?

Al oir esto, Bartolito se quedo pasmado, un nudo en la garganta obturo las palabras. Este era el fin. Suspiro profundo, y procurando recobrar la calma, dijo.

--No, yo no soy ese que buscan. Yo nunca he estado preso. Yo tambien me entere que sucedió una trifulca en ese lugar; pero se trataba de gente mayores; yo soy muy joven para estar ahí; en Cuba no se admiten menores en la prision de mayores.

Surgio un intervalo de "siope" en la interpelacion, y el oficial estadounidense miro fijo las ambarinas pupilas de Bartolito. Desconfiaba de el; pero en realidad la corta edad lo protegia. En efecto, no podia ser creible que un ser tan joven lo fueran a internar con mayores y asesinos.

--O.K. virate para quitarte las esposas, quedas libre.

Asi fue como Bartolito entro' al territorio norteamericano, fue conducido desde la marina hasta el Departamento de Inmigración de Cayo Hueso. Alli le tomaron las huellas digitales, una fotografia personal, y todos los datos concernientes a su identidad. Su nuevo nombre en Los Estados Unidos, seria: Pitágoras Ayon

Levine. Escogio este nombre no solo por borrar su pasado; sino tambien en memoria de su filosofo predilecto, los apellidos de su progenitor, y de su padre adoptivo.

A poco lo vistieron con ropas nuevas, le entregaron su nueva identificación, lo pasaron al departamento de salud. Alli le hicieron una serie de examenes con el objeto de inspeccionar su fisico; pero todo resulto positivo. Ipso facto, lo trasladaron a una capilla aledana, donde seria recomendado a algunas familias cristianas que quisieran adoptarlo.

A medida que todos estos pasos se desarrollaban delante de el, comenzo a sentir cierta nostalgia por su tierra cubana. Aquellos montes de Potrerillo donde transcurrio la mas linda etapa de su vida, quedo atrás; y ahora se enfrentaba a un destino desconocido. Comenzaba para el una especie de Principio de Incertidumbre. Desde que cumplio 17 anos, toda su vida se transformo en una odisea. De repente, una idea le cruzo la mente…"Sera que su destino ya estaba marcado desde su nacimiento"?

En ese momento su reflexion fue interrumpida por la llegada de un sacerdote cubano-americano. El religioso le hizo la persignacion en la frente del joven, y esperaba que este besara la cruz; pero no lo hizo. Lo que le llamo profundamente la atención al pastor.

--A cual religión perteneces?—Indago el cura con acento tenue; pero no podia cohonestar la brillantez de sus pupilas que resultaba ser el símbolo idoneo del fanatismo. Bartolito lo capto, y adopto una postura solemne.

--No pertenezco a ninguna religión.

--Oh, eres ateo?

--No, soy filosofo.

--Oh, eres "filosofo",--El padre de la iglesia lo contemplo detenidamente, sabia muy bien que no era facil persuadir a un filosofo; pero lo que mas le impresionaba era la corta edad del joven como para saber algo de filosofia. Luego le adujo.—Sabias tu' que Jose Enrique Rodo comento una vez que los filosofos griegos nunca supieron que cuando el profeta Páublo atraveso Atenas, llevaba consigo el gran mensaje para la humanidad?

A Pedrito le causaba cierta aficion conversar temas de filosofia; y si bien no comulgaba con el sacerdote, no podia tampoco desperdiciar la oportunidad para plantear sus teorias.

--Padre, considero que Jose Enrique Rodo estaba tan equivocado como lo esta usted ahora, si piensas de verdad que el energumeno Páublo, acarreaba consigo un mensaje didactico para la humanidad. Supongamos que usted camina por la calle, y ve a cierta distancia un loco o un borracho que viene hacia usted, que haces?—Bartolito hizo una pausa, para oir la respuesta del clerigo; pero como este no contesto, el hijo de Fela prosiguió.—Me imagino que usted se aparta a un lado del camino para que ese loco o ese borracho pase. No es asi?—El cura volvio' a segundar el mutismo. A lo que Bartolito agrego.—Eso mismo hicieron los filosofos griegos, se quitaron de la via de aquel esquisofrenico, y lo dejaron que continuara su camino a Roma, la gran ciudad de la perdicion. Como dijo Tacito:" alli fue a parar toda la perniciosa superstición del mundo."

A quien se le ocurre predicar que en el templo es donde se conoce la perfecta beatitud?

No vayas a pensar que Pablo, Ambrosio, Agustin, Lutero, Tomas Bequet y otros desquiciados de la mente, profesaban el amor, no, ellos amaban el fanatismo, que todo el tiempo iba acompañado del odio, detestaban todo aquello que no estuviera acorde con la religión que ellos pregonaban, y por si fuera poco, discriminaban a los filosofos, esos entes "ANIKATOS" que habitan en una dimension extratosferica mas elevada a la capa de ozono que circunda la tierra, y va mas alla de los anillos estelares que rodean a Saturno; probablemente estos filosofos moren en el suelo del satelite Titan, del cual los cientificos hablan que tiene una atmosfera similar a la nuestra.

.Pedrito colegia que inmiscuir la religión en el ayuntamiento de la razon, equivaldría dogmatizar un compromiso en base de un interes personal, subyugarla a la moral mas baja de la sociedad que es infundir el miedo en el hombre; es algo asi indiscutiblemente ideal de seres agnosticos, abulicos, y ejecutadotes del síndrome de Tourette, y galeotes del ergotismo...esta apnea se manifiesta irracional para el hombre libre de espiritu... Los fuertes aspiran a separarse; los debiles a unificarse... Demandar que el aguila real haga una cohabitad gregaria con el indefenso gorrion, cuya vision no abarca mas que la valla del patio de una casa; es tan aberrante como esperar que el gorrion realice el majestuoso vuelo del aguila, cuyas alas hacen vibrar la pesada roca del Taigeto, donde dicen que una vez fue raptado el bello Ganímedes... Nadie podia evitar que la ignorancia triunfara; porque el primer imbecil era Neron. El error mas grande que cometio' Neron fue desentenderse de Seneca, su maestro. Existen 2 hombres en la tierra que usted nunca puede discrepar, ellos son: su padre y su maestro. Eso fue lo exacto que le sucedió al malagradecido Aristóteles; de ahí que el cristianismo triunfara, por las ideas insulsas de Aristóteles. Dice Jose Maria Vargas Vila que al imperio griego lo elimino' Sócrates. No. Eso no es cierto. Al imperio griego lo destruyo' el ingrato Aristóteles, sabia muy bien que jamas podia igualarse a su maestro, el divino Platon, y quiso desviarse de la pauta a seguir, fomentando para 'el mismo y sus alumnos, una nueva doctrina basada en ficticias especulaciones. Aristóteles no poseia la base fundamental de una doctrina filosofica que es la matematica. La aritmetica es la base de toda sabiduría. Como dijo el divino Pitágoras:"Todo lo que se mueve a nuestro alrededor, es numero." La monada es la base de todo. Cuando se estudia matematica, se forma a nuestro alrededor una criptica armonia similar a aquel ritmo sacro que introdujera el obispo de Milan en Occidente, y que mas tarde San Ambrosio lo utilizara para instituir la musica de la misa…

El sacerdote no quiso escuchar mas nada, no era facil contender con un filosofo. La filosofia y la religión nunca se pusieron de acuerdo. Se persigno el mismo, y dando media vuelta, se alejo de alli. Bartolito permanecio estatico en su puesto, y lo vio retirarse. En pos de esto, una senora gruesa de unos 54 anos de edad, se le acerco intempestivamente.

--Hola, joven!

El vastago de Fela giro' su tronco y se encaro' con la recien llegada.

--Hola!

--Mi nombre es Sofia Reyes, y vengo a solicitar tu adopción con la oficina de intereses cubanos. Según ellos me notifican, tu' no tienes a nadie que te reclame en este pais; por lo tanto, me han avisado para que me haga cargo de ti. Yo quiero saber si tu estas de acuerdo con esto?

Pedrito oyo pacientemente a la senora, la observo a los ojos, y luego dijo.

--La verdad yo quisiera irme solo, no me gusta molestar a nadie.

--Pero es que tu no tienes edad suficiente todavía como para mantenerte solo; según la ley en este pais, una persona se considera mayor de edad, cuando cumple sus 18 anos; de lo contrario, necesita un tutor. Yo soy viuda, tengo 2 hijas hembras, no tuve ningun hijo varon, y tu eres tan bello que yo quisiera adoptarte…

--Que' edad tienen tus hijas?—Pregunto' Bartolito desconfiado. No queria volver a caer en otra trampa con las chicas.

--Una tiene 21, y la otra 19.

Ay, ay, ay, otra vez aquella maldición lo perseguia!...Al oir esto, su sexto sentido le intuia que habia peligro en el horizonte. A primera instancia el mar se miraba apacible; pero el sabia muy bien que las olas son traicioneras, y lo que parece calmoso a simple vista; se puede luego convertir en un huracán. Volvio a contemplar a la senora, cuyos ojos denotaban un viso de suplica, como una especie de imploración que mero se pudiera apreciar en aquel rostro de "Venus" de Gnido. La piadosa voz de aquella senora, imitaba los "cantus firmus" que depuro Gregorio, "El Grande"

---Senora, yo le agradezco en demasia toda su bondad y gentileza para conmigo; peeeroo, peeroo,--Pedrito tartajeaba las silabas, no queria desalentar a la senopra.— yo mejor busco mi vida solo. No me gusta molestar…

--Hijo,--Musito la mujer con tono suave.—en este pais la vida es muy dura, aquí solo se viene a trabajar y pagar deudas. Eso de que pregonan por ahí con tanto ahinco sobre el sueno americano; es pura mentira. La realidad, tu aquí nunca tienes nada. Supongamos que te ganas 30 millones en la loteria ahora mismo; te compras una casa y un carro nuevo. Y que?...Si no le pagas al gobierno los taxes sobre la propiedad, te quitan la vivienda; y si no compras un seguro para conducir; no puedes mover el coche. Y si te quedas con el dinero en efectivo en el banco, el I.R.S. te lo quita, tienes que gastarlo en algo.

Bartolito oia todo aquello con pasmoso asombro. El tenia otra idea del sistema capitalista. El habia estudiado mucho en la escuela, y fuera de la misma; pero jamas se inclino por sondear ciencias politicas; ni mucho menos economia. Pero ahora delante de esta senora, su problema no era descifrar el sistema imperialista; sino apartarse de las hijas de la senora. El preconizaba que estar alrededor de mujeres, era lo exacto que residir junto a las serpientes.

--Senora, le agradezco en demasia su discurso, para serle franco, nunca nadie me habia abierto los ojos con respecto a este topico. Gracias a usted, tengo ahora otra perspectiva sobre el programa capitalista. Ahora bien, mi problema es otro, yo no quisiera estar propincuo a sus hijas, he tenido malas experiencias con las mujeres, y no quisiera agregar una mas a mi vida.

La senora lo escruto' fijo, en ese momento penso' que el muchacho tenia problemas con las preferencias sexuales.

--Mira, muchacho, a mi no me importa tu inclinación sexual por un sexo u otro; yo lo unico que quiero es que me cuides la casa. Si lo dices por mis hijas, ellas nunca estan ahí, todo el tiempo estan en la Universidad; y si te refieres a mi, yo puedo ser tu madre.

Bartolito suspiro' hondo, asaz alivio le acababa de proporcionar la senora.

--Bueno, bajo esas circunstancias, retiro lo dicho, y voy con usted.

--Gracias, muchacho.

Asi fue como Pedrito fue conducido por la senora hasta su domicilio en la calle 14 del barrio de Hialiah, en la ciudad de Miami. La mujer tenia razon, la casa estaba desierta. Sus hijas estaban en la Universidad. Las fotografias de las 2, colgaban en distintos puntos de las paredes de la tarbea, y la madre se la mostro' al hijo de Fela. No eran feas las doncellas; pero Bartolito no les puso mucha atención, para cumplir con la regla de la educación, le manifesto' a la mama' que sus hijas eran muy bellas. A ninguna madre le agrada que le critiquen a sus crios. En ese momento sono el estridente timbre del telefono. Sofia pidio permiso, y agarro el auricular.

--Oigo!

--Mami, soy yo, Rosana, te vi en la televisión llevando a un chico muy apuesto de la mano; quien es 'el ¿

--Oh, ja, ja, ja, no me digas que salimos en la televisión?

--Si, mami, y todas las companeras aquí estamos locas con ese galan.

La madre iba a responderle algo; pero se recordo' que Bartolito esperaba por ella, y para que 'el no oyera lo que ella tenia que contarle a su hija; le repuso a su retono.

--Espera un momento, hija, dejame guiarlo a su recamara para que no oiga nada. --La mujer coloco' la bocina del telefono sobre la pequena mesa, sin truncar la comunicación, y le indico' al mancebo que la siguiera. La morada tenia 4 habitaciones, y la ultima fue designada a Pedrito. Tan pronto la senora le dijo que se relajara que estaba en su casa, regreso' al telefono a continuar la platica con su nina.—hija mia, ya esta', ya lo ubique' en su aposento. Ahora podemos conversar mejor; te dire' que el joven le tiene miedo a las hembras....

--Ji,ji,ji.—Una risa jocosa de parte de Rosana se oyo' en el otro extremo de la linea.—No me digas, es homosexual?

--No, no se le ve ninguna caracteristica afeminada. Parece ser que alguna mujer lo lastimo'…

--Tan joven, y ya esta sufriendo! si ese es el preámbulo de su vida; como sera' entonces su epilogo?

--No se', lo que si se es que tenemos que tener mucho cuidado en no asustarlo; parece un guajiro de monte adentro.

--Mami, aquí todas mis amigas desean conocerlo, y principalmente Hellen Bullshit…

--Oh, no, mi hija, esa familia Bullshit son una desgracia.

---No te preocupes, ella es inofensiva.

--Bueno, esta' bien, deja que pasen unos dias, para que se vaya adaptando al ambiente.

--O.k. vamos a concederle una semana.

--Esta' bien.

De esta guisa, los dias fueron pasando para Bartolito en absoluta tristeza. No podia borrar de su memoria, aquellos anos de infancia en el suelo fértil de Potrerillo. Su familia, sus amigos. Estaba ansioso por hablar por telefono a Cruces para conversar con su madre, su padre y sus hermanos. Desde que habia salido de Potrerillo, jamas habia vuelto a saber de ellos. Mas habian 2 cosas que lo frenaban en llamar a Cuba: una era molestar a la senora Sofia, y la otra: tener que confesarle a Fela que estaba en Miami; no obstante, tenia que hacerlo, pues de seguro ya toda la familia estaria muy preocupada.

Con el mayor de los esfuerzos, le pidio' de favor a la buena senora Sofia, que le prestara el telefono para llamar a Cuba. La senora estuvo de acuerdo, y le concedio' la oportunidad. Enseguida el hijo de Juan, disco' los digitos en la pizarra de la base del auricular, y no demoro' mucho tiempo en que la operadora internacional, lo conectara con Cruces. En la otra linea, la propia Fela lo recepto'.

--Oigo!

--Mami!

Aquella voz tan grata a los oidos de Fela. Hacia muchos dias que no la oia, le provocaron un ineludible desmayo. Fela tambaleo' 2 veces consecutivas, con una mano sujeto' el telefono, y con la otra aferro' el marco de la puerta que estaba frente a ella. No podia dar credito a lo que estaba oyendo.

--Hijo mio!—Grito' entusiasmada..Un nudo invisible usurpo la garganta de ambos. Las lagrimas enseguida brotaron a exterior de las cuencas opticas; y los sollozos inundaron la escena.

--Mami!

--Hijo mio!...Donde estas?

--En Miami.

--En Miami!—Fue el respingo que emitio' Fela al enterarse de la nueva. Abrio' los ojos en exoftalmia, no podia creer lo que estaba escuchando.—Como llegaste ahí? Como estas?

--Oh, mami, estoy bien, es una historia bastante larga y complicada para contarla ahora. Mejor hablemos de la familia. Como estan mis 2 padres?

Fela suspiro profundo, hizo un breve intervalo de silencio. Bartolito no se habia enterado que Laureano habia fenecido, y Fela no encontraba la via de informarle la nefasta noticia. Al fin dijo..

--Hijo mio, yo solamente te he mentido una vez, y esa sera la unica. Tu padre biologico goza de perfecta salud; pero tu padre adoptivo fenecio'.

Ay, ay, ay, la desgracias nunca vienen solas; todo el tiempo llegan acompanadas de terribles escoltas. De igual numero las Erinias son 3:Alecto, Tisifone, y Megera…En las pinturas se representan como genios alados, con la cara horrible, los cabellos entrelazados con gigantescas serpientes, y en sus manos blanden antorchas encendidas para alumbrar el sendero de los condenados. Lo mas excelso de todo es que prohiben a los adivinos y profetas revelar con exacta claridad el futuro de los hombres.

--Mami, por que a mi siempre me persigue la desventura?

La madre hizo momentaneo silencio, a primera instancia no deseaba abordar ese tema; pero ya no tenia razon para continuar ocultandolo. Ya Laureano habia muerto, ya el estaba emigrado a otro pais, y esta pregunta nunca habia surgido entre ellos 2. Por consiguiente, era ya hora de que el supiera la respuesta.

--Hijo mio, cuando yo quede embarazada de ti, tu papa tuvo un amorio extramarital con una senora que según decian en esae tiempo, se dedicaba a la brujería. Ella de igual modo quedo en cinta; pero no pudo lograr su criatura. Al verse decepcionada, no tuvo otro aliciente que maldecirme a mi, y a ti. Yo fui a ver a la santera Chiquitica, ella me refirio con Miguel "El brujo"; y todos ellos acordaron en que tu tenias que morir; o darte en adopción para que nunca te viera. Mas una madre no puede deshacerse de un hijo, te di en adopción; pero jamas me desvincule de ti.

--Mama', y por que' no me mataste?

--Ay, hijo, eso nunca lo haria!

--De todas maneras estoy muriendo a cada instante, mi vida es un suplicio.

--Perdoname, hijo mio, yo no podia matarte.-- Se formo' entre ellos 2 otra atmosfera de mutismo, y la madre para desviar el tema tan delicado que estaban tratando, quiso agradar a su vastago.—oye, mi nino, aquí esta' conmigo una persona muy grata que te quiere saludar.—Fela le paso' el telefono a una muchacha que estaba parada proximo a ella, y se alejo' a la cocina para dejar a los 2 jovenes solos que platicaran todo lo que quisieran.

--Hola!—Saludo' una damisela de voz inconfundible. Al oir esto, Bartolito creyo' que estaba sonando.

--Eva, que' haces en mi casa?

--Aquí vengo todos los dias a saber de ti. Desde que te metieron preso, he estado muy preocupada por ti.

La mentira es el arma propicia de la mujer, tambien de los politicos y de los religiosos. Pedrito ya conocia este tipo de estratagema; pero como ya vivia en otro mundo, le importaba un comino lo que ella y los demas pensaran y planearan.

--Que' quieres de mi? Yo creo que seria mejor no hablar mas.

--Quiero ser tu amiga.

--Yo no soy amigo de las mujeres, ni de los politicos, ni de los sacerdotes.—Farfullo' en tono severo.

--Espera, --Atajo' ella con un acento mas suave, algo asi comun a la secuencia modulada de Notker Balbulus usada en "MEDIA VITA IN MORTE"—soy mujer, que mas te puedo decir, somos seres debiles, inútiles, semejantes a las culebras, Afrodita nos doto' de una sustancia ponzonosa nominada:"orgullo", que no es mas que la peor de las miserias. La vanidad nos ciega, no cogitamos bien el origen de las cosas; porque nuestro cerebro permanece hermetico a la afluencia de la divina sapiencia. Mero consentimos en crear dano, en aplastar todo aquello que consideramos servible, a nuestro paso destruimos incluso hasta la vida misma...La historica revolucion francesa no surgio' por la unica iniciativa de un movimiento subversivo; sino por la imprudencia fatal de una reina arrogante y extranjera...Que nos importa a nosotras la multiplicación de la particula neutron en el atomo Uranio?...Ni mucho menos la esteril resistencia que opone un astro espacial al ser irremediablemente atraido por la fuerza que le ejerce otro planeta mayor que 'el?...Ni tampoco la embrollada deduccion del complejo teorema de Green?...Que' cosa es eso?..Para eso estan ustedes los hombres; para resolver todas esas cosas, y después entregarlas a nosotras...Dime tu', que' me incumbe a mi, la confusa filosofia de Anaxagoras y el loco Parmenides?...Ni de la musica que tanto me gusta, nada se'...De que' me sirve investigar la producción de la secuencia armoniosa de Inocencio III; ni el "LAUDA SION SALVATOREM" de Tomas de Aquino?...Oh, querido Pedrito has hecho muy bien en dedicar tu valisoso tiempo a los libros, y no con las mujeres que solo causan problemas...A nosotras solo nos interesa el desprestigio, el arrebato sexual, la escultura para compararlas con nuestro cuerpo; por ejemplo, me ha llamado mucho la atención "La condesa de Haussonville" por Ingres; en este retrato ella luce parada frente al espejo con una pose meditativa con los brazos cruzados: uno sobre el vientre para obstruir la lujuria que la incita, y la otra mano sujeta su delicado menton, a fin de conceder absoluto reposo a la mandibula inferior que bastantes veces utilizamos en la sabrosa succion.

Pedrito anonadado por lo que acababa de oir, no podia concebir lo que estaba escuchando, jamas penso' que Eva se fuera a comportar tan elocuente, y tan experimentada en los sermones. Sabia que de la mujer se espera cualquier cosa; pero esto no se lo figuraba.

--Por favor, podrias llamarme a mi mama'; creo que he hablado suficiente contigo. Gracias. Te felicito, estuvo muy bonito tu discurso.

Estas palabras arrastraban un halo de sarcasmo, y Eva no lo paso' por alto.

--Esta' bien, ahora te la llamo.

Eva aparto' la bocina de su boca, y comenzo' a vocear a Fela. Enseguida vino la madre corriendo, y aferro' el auricular.

--Que', mi hijo?

--Mami, te quiero mucho; pero me tengo que retirar, estas llamadas son larga distancia, cuestan muy caras, y acabo de llegar aquí, no quiero molestar..

--Esta bien, hijo mio, no te preocupes, cuando puedas me llamas de nuevo, tu' sabes que te adoro, un beso.

--Yo tambien a ti, mami,

A poco se trunco' la comunicación, Pedrito deposito' la bocina en su base, y le dio' las gracias a la senora de la casa por haberle prestado el telefono.

De esta guisa pasaron los dias en absoluta calma; Bartolito procuraba ayudar a la senora en todo lo que podia; y ella poco a poco, le fue tomando aprecio. Pero un dia, tuvieron que llegar las hijas de la senora a la casa; y no venian solas, traian con ellas, una amiga de la escuela. Las 3 doncellas se igualaban en belleza; pero la amiga era mas poderosa. Su padre era el gobernador de la Florida, y su abuelo el jefe de la C.I.A. Desde luego que las hijas de la senora jamas discrepaban con su amiga nombrada Helen Bullshit; ya que todo aquel en la universidad que se interponia en el camino de Helen, si no lo despedian de la academia, amanecia en el hospital, o cuando no en el cementerio.

Ese dia en que Bartolito piso tierra norteamericana, y el canal 41 de televisión que se dedica mayormente a transmitir actividades sobre el exilio cubano en Miami, habia captado la imagen de Sofia conduciendo a un apuesto joven, Helen se hallaba junta con Rosana y Susan cuando diviso' al mozalbete, y haciendo alarde de ser mas coqueta que las demas, decidio' que aquel Adonis cubano iba a ser de ella. Ha de suponerse que tan pronto las hijas de Sofia oyeron esta sentencia, no podian evadir el decreto de la tejana.

He aquí que tan pronto las 3 jovenes arribaron a la morada de Sofia, Bartolito fue presentado a ellas. Helen era muy fea; pero era poderosa y eso la hacia sentirse competente con las demas chicas. Sus ademanes se mostraban sarcasticos, con cierta dosis de fatua ironia; era una autosuficiente, creia poseer un talento extraordinario para engatusar a los hombres. Sus felinos ojos denotaban un anatema elegiaco. Su cutis parecia de nieve, y su corto cabello como hierba bruja cortada en la manana

103

temprano, le concedian un aspecto de anormal. Lo unico que tenia era poder. Los relámpagos de sus pupilas, atemorizaban a cualquiera, hubiera sido harto difícil diferenciarlos de una tormenta prenada de centellas. Tenia las cejas curvadas, su nariz era lo que mas la afeaba; ya que era de forma aguilena similar a la de su padre. Su boca era chiquita, lo que no la hacia lucir sensual. No se habia equivocado, al ver a aquel joven tan bello, sintio latir su corazon dentro del pecho, tal un asustado pajarillo encerrado en una jaula. Una asaz curiosidad arremetio su pecho, ansiaba averiguar todo sobre aquel joven; y por otro lado no queria saber mucho, no queria darse cuenta que amaba a otra mujer. Hellen le miro fijo a sus ojos, y sintio' que nadaba sobre un estanque de parsimoniosas aguas, observo' el fondo, y alli vio' un "Glukus hedone" que promete la maravilla acuatica. En ese instante no le importaba mas nada que no fuera socializar con aquel Adonis...No le importaba tampoco que sus 2 amigas Rosana y Susan pensaran que era una atrevida...Que' le interesa el pudor a la mujer cuando se siente atraida por una nueva ilusion?...En ese momento nada hay mas antipatico, mas odioso, mas repugnante, que la honradez...Su gran arte es la falacia...Su mas alto proposito es la apariencia personal; lucir linda

Helen no sabia hablar español, Bartolito no sabia hablar ingles; pero Rosana y Susan sirvieron de traductoras. La charla comenzo' de buen humor señalando temas banales, y culmino' de buen humor. Mas al final hubo otra sentencia de parte de Helen, ella prometio' ensenarle ingles a Bartolito, y 'el no quiso comentar nada; pero Sofia conociendo demasiado bien el abolengo de la familia de Helen, e intuyendo que cualquier desaire hacia la joven podia desatar alguna inconveniencia, hablo' en nombre de Pedrito y enfatizo' que adoctrinaria a la tejana en español.

Asi quedo' todo resumido en promesas entre ambas partes, y Helen cumplio' con su compromiso, y acudia todos los fines de semanas a visitar a Pedrito. La relacion fue adquiriendo un carácter mas solido. Y en el interin, Sofia se habia encargado de subscribir a Pedrito en una escuela de ingles donde se impartia cursos intensivos de esta lengua. De esta manera el muchacho podria aprender mas rapido. Pero la relacion entre Helen y el cubanito seguia viento en popa y a toda vela. El tiempo fue consolidando esta amistad, y a pesar de que ella iba comenzando a sentir algo mas serio; el hijo de Fela intuyendo en su fuero interno que algo malo se avecinaba; trataba por todos los medios de esquivarla.

Ay, ay, ay, ningun poeta, ni ningun filosofo ha podido determinar por que' razon la mujer es tan terca?...Y cuando esta mujer es poderosa, la obstinación se duplica.

03

In 1911 Ernest Rutherford said: " In order to form some idea of the forces required to deflect an "ganma" particle through a large angle, consider an atom containing a point positive charge "Ze" at its centre and surrounded by a distribution of negative electricity, "-Ze", uniformally distributed within a sphere of radius "R". The electric field "E"...at a distance "r"from the center for a point inside the atom is:

$$E= \frac{Ze}{4PiEo} \left(\frac{1}{r2} - \frac{r}{R3} \right)$$

03

Toda identidad eminente siempre ha sido austero rebote de la indigente plebe; jamas se vio sabio alguno descollar   por encima de la vasta multitud ignorante; porque esta insana muchedumbre odia al genio solitario. Lo miran como algo anormal, y como un bando de chillonas cotorras, a la vista del rapaz Azor, sienten en sus endebles pechos la urgencia de huir del inminente ataque de su adversario. A veces, muy a menudo, cuando no tienen valor de luchar de frente, postulan con sus compactos picos, roer la rama del arbol en el cual se pudiera posar un dia, aquel salveje que por instinto de la naturaleza, nacio libre y soberano.

ℭଌ

Cuando te vimos partir

Por una razon humana

El tanir de tu campana

Nos dejo' un triste latir

Luchabas para vivir,

Una vida diferente

Para estableces un puente

Entre presente y futuro

Y te diste sin apuros

Hacer cambios en tu mente.

Otilio Alejo.

ℭଌ

CAPITULO XII

Ya habian transcurrido 6 meses desde que Pedrito y Helen habian reciprocado una estrecha amistad, las intenciones de ella con respecto a su amigo, iban alcanzando un nivel mas serio. A ella le gustaba 'el como hombre, le coqueteaba, varias veces, le insinuaba compartir el lecho, era de hecho una mujer terca, no desistia de sus proyectos tan fácilmente, estaba dispuesta a todo para conquistarlo; pero Bartolito la evadia, tenia mucho miedo, con el tremendo problema que tuvo en Cuba con la esposa del comandante, este vestigio se le habia impregnado muy adentro de su alma, y habia quedado algo traumatizado sicologicamente. Este esporadico rechazo no era que habia renunciado totalmente a las hembras; no, sino que en su coleto intuia una cosa mas grave con respecto a Helen. Desde que llego' de Cuba, solamente se habia acostado con una prostituta de la calle; habia ido un dia a la licoreria que estaba en la esquina de la casa de Sofia, compro' una cerveza fria, se escondio' detrás de la pared del establecimiento para que nadie lo viera, y mientras bebia tranquilamente, diviso' una joven bella de mirada serena y brillante, conduciendo un automóvil, ella se detuvo cerca de 'el. El hijo de Juan al ver a la joven, sintio' de plano flaquear su ímpetu de leon salvaje y solitario, percibio' de lleno en su marmoreo corazon, la contusion indescriptible e intoxicable de una ingente taquicardia…

Que' bella lucia!..Su boca la exteriorizaba pintada de un rojo carmesí, revelando las grietas naturales, que de una manera insolita, trazaban sus befos sensuales…Que' mujer mas maravillosa! Aquellos ojos escarlatas de un brillo rutilante, relampagueaban en su cerebro como los focos luminosos de una hechizante luciérnaga. El cuerpo de ella paradisiaco de madona celestial autoctona de una elegiaca institución, apostata de un anatema impio, cuyo delito nunca hubiera cometido; la cual, tal una clematida trepadora de tentáculos edenicos se eleva asuso de un hacinamiento de escombros a fin de alcanzar la fosforecente "lux"…

Asimismo, aquella joven se presento' ante 'el refulgiendo en el fondo de su alma desierta donde la soledad se confunde con la oscuridad para crear el panico… La recienllegada lo seguia observando con demasiada coquetería. Aquella transición traumatica aporto' a las piernas de Pedrito una paraplejica inmovilidad. Una fobia cefalalgica trunco' de cuajo su agitada respiración por espacio de 2 segundos, produciendole una especie de disnea…De hecho, en su precaria existencia, jamas habia visto una hembra tan provocativa, nunca antes sufrio tal grado de barullo de ataraxia, su caucion estoica de animo. Ahora comprendia por que Afrodita se le aparecia en suenos, y real posesionada en otra forma humana… Pero quien era aquella damisela que venia a interrumpir su aislamiento de la endina sociedad?...Empero, no podia negar que aquella dama llevaba impresa en toda su personalidad, esa prosopopeya metaforica que mero se notan en las mitologicas Náyades. …

Pedrito sentia paulatinamente menguar su brio de aguila insurrecta. Este drama resultaba cautivante para 'el, no insinuaba ninguna alarma que lo substrajera de su eclectica meditacion. Su pecho impermeable hacia ya bastante tiempo que revelabase acerado como un escudo espartano. ..Ella al principio le hablo' en ingles, disimulando el tono de voz para que no la reconociera, en ese momento el idioma no importaba, lo que interesaba a la cortesana era fornicar con Bartolito, quien no demoro' mucho en hacerle el favor; ya que el deseo se lo permitia. Subyugado por una intempestiva acometida, sin atenerse que hacer, sintio' de una manera acerrima en su pecho, influir la fuerza indomita de la voluptuosidad…

El hombre mas invencible, dobla al punto su temeraria voluntad ante la inefable belleza que todo lo domina…Bartolito sin perdida de tiempo, respondio al llamado de la indomita tentacion, la estrecho' por su delicado talle…Que suave, que estrecho!...y la sento' con suma delicadeza en su macizo regazo. Aquel contacto carnal resulto' fatal para 'el. Aquellas bocas desenfrenadas se buscaron entre si, y ambas lenguas se enfrascaron en frenetica lucha. De hecho esta hembra lo desquiciaba… Pero, ay,ay,ay, todo osculo en el amor es desdichado y tragico…Después de 2 minutos de insaciable frenesi, Pedrito substrajo su sinhueso de la fosa bucal de ella, y la deslizo' desesperado por aquel cuello femenil alargado de cisne silvestre. Aquella hembra al percibir aquella calenturienta lameada, se retorcio' contráctil tal si fuera un hilo de nylon en medio de las pavesas abrasadoras de un fulgurante fuego…Se reclino' hacia atrás ella con los parpados entornados, y su guedeja undosa de relucientes cabellos, cayo' disuelta sobre el espaldar del auto, adquiriendo una posición deseada como en la "Piedad" de Miguel Angel…

Mientras Pedrito la contemplaba, ella comenzo' a desabotonar la blusa, sus pulmones se hincharon de oxigeno, y el pecho pugnaba por romper aquella sofisticada tela. Ipso facto, broto' a la vista, un par de senos compactos que jamas los habia visto semejantes. ..El torax de ella se inflaba y se desinflaba por la entrada y salida de aire a paso acelerado…

Oh, venerable placer que todo lo engulles!...Sobre las rosas se pudiera fácilmente poetizar; pero tratandose de manzanas, lo mejor es comer… El era de la opinión que con tales mujeres no hay ningun tipo de problemas. Ellas cobran su dinero y se van por su lado, no se fomenta ningun drama de sentimientos, y sobre todo no hay celos. Pero sucedió una cosa poco comun en estos tipos de mujeres, ella no le cobro'; al parecer queria algo mas que dinero…Pero, ay, ay, ay, cruel debilidad humana!...Mas le hubiera valido a Pedrito no haber fornicado con aquella desconocida…Dulce cosa es para la mente sana, vivir sin el pernicioso contacto con los infortunios de afuera… Mantenerse apartado de toda esclavitud espiritual que inficiona el limpido eter, en cuyo espacio circula el armonioso trino del sorsal, y la mas laudable melodía que haya creado el artista Zoltan Kodaly empleando tematica de vernacula,o, la atematica microtonal de Alois Haba.

CB

Sabes si alguna vez

Tus labios rojos

Queman invisible

Atmosfera abrasada

Que el alma que,

Hablar puede con los ojos

Tambien puede besar con la mirada.

Bequer.

 C**3**

Según cuenta la leyenda griega, el largovidente Zeus transformado en cisne, fue perseguido por un aguila rapaz, y se vio' obligado, siendo Dios, a refugiarse en casa de Nemesis, se sirvio' de esta ocasión para poseerla, y de dicha union, nacio' un huevo que mas tarde el mensajero Hermes, depositara entre las piernas de Leda.

C**3**

Se ha divulgado muchas veces sobre el caballo de palo que fue introducido en las murallas de Troya para desmoronar a aquella bella ciudad; empero, nadie se ha detenido a investigar matemáticamente cuanto descendio' la punta superior de la escalera que media 20 pies; la cual uso' Odiseo para subir al vientre del corcel de madera, si la base de la misma se deslizo' 2 pies hacia fuera de la posición anterior.?

C**3**

CAPITULO   XIV

He aquí que una tarde calurosa del mes de Mayo, cuando las horas vespertinas acarrean una extrana sensación de producir un nefasto suceso, hubo de estacionar delante de la vivienda de Sofia un auto marca Ford de 4 puertas, y color gris. Acto seguido, desmontaron 2 alguaciles vestidos de trajes, y caminaron hasta el porche de la casa. Tocaron la puerta; pero Sofia antes de abrir, observo a traves de la persiana que se hallaba adyacente al porton de entrada. Vio' 2 hombres rubios de aspecto anglosajon con espejuelos oscuros cubriendo sus ojos.

A Sofia le causo' asaz extraneza aquella extemporanea visita, y antes de proceder a abrir la puerta, acudio al cuarto de Bartolito donde este se encontraba estudiando ingles.

--Hijo mio, --Le dijo en voz queda.—alla afuera hay 2 hombres bien vestidos que si no son del gobierno, son de la mafia; pues ambas entidades se parecen. Tu has hecho algo malo en la escuela.?

--No, senora.

--Bueno, vamos a ver quienes son.

Se dirigieron los 2 a la entrada, y mientras Sofia desplegaba un tanto la puerta alrededor de los 30 grados, Bartolito se asomo' por la ventana, y cuando Sofia le pregunto a los 2 advenedizos quienes eran? Uno de ellos, se adelanto', y colocando su pie derecho entre la endija de la puerta, el otro se avalanzo' con su hombro derecho sobre la tabla, y la pobre Sofia gritando del susto, cayo' al suelo con tal empuje, y los hombres le pasaron por arriba. Bartolito al ver a la buena senora atropellada por aquellos intrusos, se lanzo' sobre ellos; pero todo esfuerzo fue en vano. Aquellos hombres estaban entrenados para la defensa y para matar, y en menos de 12 segundos, el hijo de Juan quedaba inmovilizado y al mismo tiempo maniatado por duras esposas. Lo sacaron a la fuerza y lo montaron en el automóvil.

De inmediato el choufer del auto busco la carretera interstatal # 95 rumbo al Norte, y en menos de 2 horas, arribaron a un aeropuerto privado, abordaron un "jet" de 2 turbos, y elevaron el vuelo con sentido al estado de Virginia.

Los grandes hombres son silenciosos, y a disparidad de los alegoricos loros, obliteran de una manera tajante, el movimiento incansable de la sinhueso…Ya que ellos han aprendido del divino Pitágoras, que la sabia naturaleza ha dotado al hombre de 2 orejas, y una boca; para ensenarle que hay que oir mas que hablar…Existe en el tetrico dominio de las sombras, 3 actrices que no hablan, sino que mero se limitan a obrar en silencio…Ay, ay, ay, no se puede negligir que para todos los mortales, esta es la ley:"Todo pasa entre aprensiones y perjuicios; y el que ahora era feliz, puede al rato ser un desdichado."

Sin encontrar a su pregunta cierta

En mi cerebro eficaz respuesta
Sigue cerrada mi ventana abierta.
Pepe "El Toro".

❧

Era eso de las 3 P.M. cuando el parvulo avion
aterrizo' en un aeródromo particular. La temperatura en
el exterior de la nave manifestabase calida, y el radiante
sol todavía estaba en su apogeo. Incontinenti, el hijo de
Fela fue desmontado del aeroplano, y conducido hasta un
limousine matiz oscuro que aguardaba a los 3, abordaron
el lujoso coche, y se desplazaron por una una autopista
poco concurrida a una velocidad vertiginosa hasta que
frenaron delante de una suntuosa mansión campestre
fuera de la ciudad.

Esta residencia semejaba un palacio romano,
presentaba una entrada amplia en forma de herradura
frente a la puerta principal. La morada estaba compuesta
por 12 cuartos, y 14 banos. No era en realidad una
arquitectura alta; mas bien baja de doble piso; pero
extensa. Las paredes exteriores lucian pintadas de tinte
blanco, y sus enormes ventanales estaban compuestas de
opaco vidrio con festonados burletes, cuyo bisel veiase
bastante nivelado. Detrás de los cristales destacabanse
colgantes cortinas pespunteadas en borlas de reseda.

Al pie del dintel de esta excelsa mansión, se ofrecia
a la vista un lozano arriate de coloridas azucenas y
levantiscos aloes, los cuales se estremecian de un lado a
otro por el constante soplo de la brisa. Los 3 hombres
pisaron el portico, y se detuvieron delante de la puerta
principal de madera fina barnizada de doble hoja, y 2
manillas de bronce a cada lado. Ipso facto, uno de los
secuestradores hizo repercutir la ajorca de metal. A lo
que 22 segundos mas tarde, se ausculto el despliegue

del picaporte, y una pieza de la puerta se abrio para dar acceso a los recienllegados. La puerta la abrio un mozo alto, calvo, arropado de leviton; el cual se aparto del camino para ceder paso a los visitantes.

No bien Pedrito paso' al interior del hogar, de una ojeada escudrino' cada uno de los tabiques de la amplia tarbea. En uno de ellos, se podia apreciar la pintura de Giorgione: "EL CONCIERTO CAMPRESTRE.", y en la pared inmediata se divisaba "LA CACERIA DE CARLOS I" por Van Dyck. Mas alla se exhibia erguida sobre un pedestal de mármol blanco, "LAS 3 GRACIAS" de Pilon...Del cieloraso pendia una enorme lampara de vidrio, con cien diminutos bombillos los cuales estaban apagados porque todavía era de dia; no obstante, emitian reverberaciones intermitentes debido a las incidencias de los rayos solares que se filtraban por la ventana.. De pronto, quedo' petrificado al punto que diviso en la antesala, a su amiga Helen acodada en la chambrana marmorea de la gigante chiminea. Ella usaba en ese instante un pantalón "blue jean" ajustado a su delgado talle y un cinturón de cuero liaba su estrecha cintura. Una blusa matiz negro de algodón de mangas cortas cubria su tronco, y un par de tenis color negro y blanco forraban sus delicados pies.

Si bien no era bella, no se podia negar que lucia atractiva. El alma de esta damisela era en realidad un arcano, nadie podia adivinar lo que en su pecho guardaba. Su mirada era fria, aun estando enamorada de Pedrito no sabia, o, no podia expresar a plenitud sus sentimientos. Como habia crecido en un ambiente aristocratico de una familia mafiosa repleta de in trigas, le resultaba bastante incomodo tratar con amabilidad. Pedirle a esta joven que desnudara su alma arrogante a la sociedad humilde, seria lo exacto que exigirle al mar que despliegue sus versatiles olas para poder caminarlo. Según cuentan los fanaticos, una vez vieron al filosofo de Samos andar por sobre las olas del mar Adriatico.

Pedrito a poco la vio' alli parada, y enseguida cogito' la razon por lo que lo llevaban alli, algo extrano sucedia con respecto a ella; no la observo' de frente; sino que la oteo' de soslayo manifestando un desden desconocido para algunos, que es la panoplia invencible de los guerreros...La indiferencia es la invulnerabilidad del valor... Siguió Pedrito su paso en pos de aquellos secuaces que lo guiaban hasta la estancia del comedor. En efecto, alli estaba sentado en un comodo sitial que rodeaba la mesa de cedro pulido por doncellas chinas que nunca conocieron los horribles martirios del matrimonio. Es preciso esclarecer aquí que la madera de este mueble precioso fue talada en luna llena; pues según cuentan los eruditos, la savia de las plantas, levita hasta la copa de los arboles a medida que la luna se agranda.

El jefe de la C.I.A, el mafioso Jorge Bullshit, vestia en ese momento un traje tinte café, y una bufanda de lana se despejaba en su torax, cuyas puntas caian paralelas a los bíceps de los brazos. Su mirada evidenciabase gelida, un tanto feroz, parecida a la de un Lince. Su rostro lucia anguloso, enfermo, con proporciones asimetricas, que mas bien le daban las c aracteristicas de una mascara de las que usaban las tragedias griegas. Su cabello lo peinaba al estilo militar, y sus labios enjutos a la encia de los dientes...Si según acota el vulgo que a merced de la fisonomia de un personaje se puede visualizar el alma de su interior; de hecho el senor Jorge Bullshit no poseia ninguna; porque toda su faceta semejaba la de un sarcófago egipcio. Tampoco presentaba alguna personalidad regia, su aura no era la de un personaje egregio; sin embargo, este homínido era en este tiempo el ser mas poderoso del universo. Destronaba y asentaba en el poder al presidente de cualquier pais. Con solo demostrar al pueblo americano un subterfugio, era lo suficiente para movilizarlo a la guerra. El sabia muy bien que el vulgo es de naturaleza cobarde; porque esta constituido de mujeres y hombres debiles, y con el simple hecho de infundirles miedo, es lo suficiente para que se desmayen a sus pies.

Asi es que alli estaba Pedrito impavido frente al magnate de la C.I.A. no tenia miedo, el miedo lo habia dejado atrás en la carcel de Remedios. El viejo observo' al joven detenidamente, de la misma manera que lo hubiera hecho un lobo feroz ante un indefenso pajarillo y Bartolito sintio' sobre si, aquella helada intuito que le congelaba el alma. Las pupilas de Jorge revelabanse de un azul-gris que semejaba un cielo borrascoso a punto de soltar una tremenda tempestad. Delante de este senor, encima de la mesa, habia un pez muerto, un pez hediondo sobre 2 pliegos de periodicos viejos. La peste del pez se esparcia por todo el recinto. El cabecilla de la C.I.A. desclavo' la gelida mirada en Pedrito, y la poso' sobre el pescado.

--Hello, my son in law!—Prorrumpio' Jorge con un tono de voz un tanto algido, resguardado por esos ecos lobregos que emitiera en otros tiempos Adam de la Halle.

--Good evening, Sir.!

---Good evening, boy!... what is your name?—No parecia que hablaba; sino escupia.

--My name is Pitágoras Ayon Levine.

--- Oh, Pitágoras, Pitágoras, Do you like the smell of fish?

La pregunta del magnate iba cargada de ironia. De inmediato Pedrito dio'se perspicua cuenta, que el senor era un burlon, y con este tipo de gente nunca se llega a un acuerdo serio y concreto. No respondio' la pregunta. En cuanto a Hellen ella continuaba en su misma posición, atenta a todo lo que su abuelo decia.

El anciano al notar el mutismo espontaneo que el muchacho habia hecho, se levanto' de su solio, y dejando la mesa atrás, comenzo' andar cortos pasos alrededor del cubano. Lo revisaba de arriba a bajo, y en su mente colegia que su nieta se habia enamorado de un Adonis. En uno de estos recorridos, el viejo le hizo una senal a Hellen para que se alejara al otro salon separado por 2 plintos, los cuales soportaban 2 sendas columnas de granito, cuyos extremos superiores terminaban en cimbras pintadas de blanco. Mas alla de aquella seccion, existia una oblonga piscina que destacaba un rectangulo de cemento en medio del agua, donde descansaba una estatua de piedra caliza conocida popularmente como la replica de Linconl esculpido por Barnard.

Acto seguido, Hellen acato' la orden de su abuelo, y se fue a echar en un canapé ahito a la alberga. Estaba consciente que su abuelo arreglaria todo en beneficio de ella.

Aca, en el comedor, Jorge prosecucionaba la charla con el joven.

--My dear son in law, you have to know that the smell of fish is identical to the odor of the vagina of women. Some people said that the both odors are irresistible; but, I beleave that you like the flavor of my grand doughter, is't right?

Bartolito quedo' estupefacto por aquella absurda alusion, y su facie mudo'

de una expresión vaga a una inquietud inusitada. A medida que aquel vejete hablaba, el hijo de Juan iba coligiendo en su fuero interno, que Hellen lo habia metido en un buen lio. Acababa de descubrir que estaba delante de un hombre procaz que envolvia sus frases en complejos terminos retoricos para crear cierta confusion en las mentes ajenas. Ahora entendia que aquel hombre era un verdadero sofista.

Por fin Bartolito hablo'.

--I do not understand what you say, Sir!

--Je, je, je, je, --Carcajeo' el viejo burlon,--What a guy!—De pronto, detuvo su andar, y golpeando fuerte la madera de su pupitre, se volteo' con los ojos encendidos en llamas hacia el cubano.—Do not be stupid! You know very well what Iam talking abaout.

--No, Sir.

--You had fucked my grand doughter....

Tales vocablos se esfumaron volatiles de la irascible garganta del nabad estadounidense con una altisonancia laconica, enjalbegadas a las ondas transmisoras del satelite espacial que vela al mundo con sumo cuidado. Al oir esto, Pedrito quedo' absorto, no podia creer lo que estaba escuchando, lo menos que 'el esperaba que le plantearan un asunto de violación sexual; jamas se habia acostado con Hellen. Fruncio' el ceno y estiro' la boca. En un segundo penso' que Hellen, o, aquel anciano estaban locos.

--I had never fucked you grand doughter.—Adujo el hijo de Fela en tono imperioso. Tenia que ponerse duro frente a aquella calumnia. Garraspeo' la garganta.—That's a lie. Who said that?

--She did it.

--Please, bring her over here.

--No, it's not necessary, I trust her any way. Do you know she is pregnant?

--What!—Exclamo' el hijo de Juan fuera de si, sacudio' la testa, no sabia si estaba sonando, o despierto.

--Yes, you are going to be the father of my graet son or doughter. So, since you are going to be part of my family, you must behalf very well. Now on you just take care my grand doughter, that all.

--Sir, I am not the father of your great grand son or doughter. I do swer to you, I had never been in bed with you grand doughter.

--It does not matter, she said you are and you are, that's it.—Pedrito se disponia a replicar; mas el viejo le corto' la inspiración.—Do not, do not open your mouth again, when I give an order, I do not like to repit it again.

Dicho esto, el jefe de la C.I.A. dio' media vuelta y se retiro' de la presencia de Pedrito. Alli redro quedo' el joven con la boca abierta, atonito, anonadado, como aquel que ve suceder muchas cosas inauditas por delante de el, y ni siquiera tuvo chance para hacer o, decir algo. Ulterior a unos cuantos segundos, se dio cuenta que habia quedado solo con Hellen. Ella estaba alli al borde de la piscina aguardando por 'el. Ella se veia tranquila, su rostro mostraba una especie de calma absoluta como aquel que se siente seguro de todo. Los 2 se contemplaron a la distancia, y ella desde su sitio' le hizo una senal con el dedo indice de la mano derecha para que se acercara.

Pedrito suspiro' profundo, este suspiro se parecia mucho al ultimo estertor de los moribundos. En ese momento se le ocurrio' una idea, una idea fatal, no queria vivir mas. Si su vida estaba indisolublemente liada a un destino aciago; para que' seguir viviendo?...Desde que lo sacaron del campo en su tierra natal, y lo trajeron para la ciudad, su vida completa habia hecho un giro de 360 grados. Y pensaba que si ya que no podia regresar el cuerpo al campo de Potrerillo, llevaria entonces el alma...Que' suplicio para un hombre que no nacio' para los cuidados del hogar!...Cual felicidad podia brindarle a una mujer, cuando las hembras no conocen la felicidad... La dicha para las damas es como especie de un sueno utopico; aunque tengan todo lo que desean, siempre piden mas, mas, y mucho mas. Jamas se sacia su vanidad congenita...En cambio, el hijo de Juan por naturaleza era un filosofo innato, se filtraba en las ciencias como la abeja que se mete en el panal para producir la sabrosa miel; asi creaba 'el la sabiduría. Profundizaba tanto en ella, que se ignoraba a si mismo…Se disponia pues a excogitar alguna controversia con su interlocutora; pero prefirio' quedarse callado, no meritaba la pena prosecucionar una charla con un ser tan obstinado y absurdo.

Se acerco' inconsciente a Hellen, parecia un automata caminando, arrastraba los pies, y la mirada fija al piso. Hellen lo vio en este estado, y levantandose de su canapé, acudio' a auxiliarlo. Lo sento' en una silla adyacente a ella. En la pared que estaba frente a ellos, se podia apreciar un lienzo acuarelado con magnifica dexteridad, el cual exhibia un jinete ingles cabalgando sobre un corcel brioso de color blanco que galopaba tras una jauría de perros furiosos, los cuales perseguian a un astuto zorro.

Hellen volvio' a apoltronarse en su previo canapé.

--Quieres algo de tomar?—Le hablo' en español.

--No.—Repuso el joven con tono seco. La observo' fijo a los ojos.—Por que' me hicistes esto?

Ella se quedo' callada, y replego los parpados de sus ojos.

--Te quiero mucho, Pitagoras. No deseo que seas de nadie mas. Yo no soy tan bonita como las demas para poderte conquistar con salamerias. Tu eres demasiado bello para que una chica como yo pretenda ligarte.

--Pero por que' no hablaste antes conmigo?...Y por que' mentiste sobre el embarazo?

--El embarazo no es mentira…

--Que' dices?—Respingo' Pedrito incredulo.—yo nunca me acoste' contigo.

--Si lo hiciste….

--No es cierto.

--Si lo es.

---No.---Respondio' 'el exteriorizando un mohin de asco remilgado en su bello semblante que, suscito' una grave ira en el espiritu de la norteamericana.

---Cretino, estupido!---Bramo' ella repleta de furor. El la observaba fijo, ella se arrimo' mas a 'el.---todavia tienes la osadia de albergar en tu pobre alma la dote de la arrogancia?...Imbecil!...Eres un tonto.....---Su rostro virginal semejaba una mascara horrible.---Oh, tu', filosofo idealista, estereotipo de vanas supersticiones y esteriles suposiciones, como te atreves a vanagloriarte de tu actual situacion, mirando delante de ti que no estas en condiciones favorables...Eres un verdadero fantasma de la opera del dolor, no eres mas que un espectro, la larva acuatica metamorfoseada en ranacuajo...Ya los genios no existen, todos hace mucho tiempo que murieron, y ahoran quedan ustedes los plagiadores de la escena tragica de la utopia...Anhelan filosofar como los sapos a la sombra de una palma que circunda un charco...Una tristeza mas para el mundo; una profanación adicionada que se suma a la comedia

Bartolito indignado miro' para todos lados, aquella casa parecia que le iba a caer encima. Estaria volviendose desquiciado 'el, o, ella habia perdido definitivamente el juicio. Jamas se habia acostado con ella. Con la unica mujer que se habia acostado en Estados Unidos era con una prostituta de Miami, en la calle 14 del barrio Hialeah que habia visto en la licoreria de la esquina. Ella lo vio' bello, lo asedio', lo llevo' a su carro, lo ultrajo', y no le cobro' nada. Ese fue el unico encuentro sexual que tuvo Pedrito durante su estancia en Miami.

--Mira, Hellen, yo no estoy loco, yo se' bien lo que he hecho y lo que hago,--Repuso 'el tratando de apaciguar su tono de voz.—tu' sabes bien que yo no soy el padre de tu "baby", si tu quieres, yo lo puedo adoptar y lo crio solo; pero no quiero ningun compromiso contigo.

--Ja, ja, ja, ja,--La estruendosa risa de ella retumbaba los tabiques de la mansión.—no seas estupido!—Dijo esto con tanta furia que sacudio' su cabeza tan fuerte que un mechon de su corto cabello le cubria la mitad de la cara. Los ojos esplendentes en pavezas parecia el rostro del "Phantom of the Opera".—Jamas te dare' un hijo mio para que tu' lo cries tu solo, y tu' vas a ser mio tambien, o, me dejo de llamar Hellen Bullshit.

--Eso nunca!...Prefiero la muerte a una esclavitud forzada.

Jamas se conocio' filosofo alguno que haya contraido matrimonio en su etapa de intelectualidad. El sabe muy bien cuanto infortunio trae consigo esa aventura descabellada...Se debe rectificar aquí que Sócrates jamas estuvo desposado con Xantipa; ella simplemente era para 'el una especie de esclava...Nuestro amigo Hesiodo no se cansaba de pregonar que la mujer es la peste mas contaminante que puede penetrar en el hogar. La calle es su verdadera atmosfera.

Pero, que seria de Pedrito enlazado en matrimonio y expectando un hijo a fin de nacer?...Nada...Dira' por tanto lo exacto que balbuceo' una vez el Buda:" RAULA HA NACIDO, UNA CADENA HA SIDO FORJADA PARA MI."...Los hijos son los seres terrícolas mas ingratos que hay; no cooperan en nada con sus ancestros, nunca compensan el sacrificio enorme que realizan los paternos para criarlos; nacen, crecen, se desarrollan, y se alejan luego de aquellos que se lo otorgaron todo. Son jueces infalibles, no perdonan nunca los defectos de sus padres; a la hora de juzgar lo hacen con el mayor peso de la injusticia que es: el malagradecimiento.

Si los hijos son variones, ay, ay, ay, que' desgracia!... Sera inexorablemente futuro pasto de la llama ardiente del deseo femenino, que es una vorágine vorticosa que todo lo engulle...Y si nace hembra, ay, ay, ay, que calamidad inmortal para el desdichado hombre!...No debe ser imprescindible matrimoniarse bajo el falso precepto de una eterna promesa de amor. El cielo y la tierra jamas se han unido en contrato civil, ellos permanecen separados por una linea horizontal si se observa en lontananza; y si se mira sobre la cabeza, la distancia es enorme...Y si por casualidad, alguna nefele insurgente se desprende de la conglomeración vaporosa, y se avilanta a descender hasta la cúspide aspera de una gigantesca montana, no es para intercambiar amorios entre el uno y el otro; sino para que "respergere"con su diafano rocio, el tibio nido donde descansa un aguila real; quizás sea aquella que una vez dejo' caer una tortuga sobre la cabeza de Esquilo.

--Pues la vas a tener. Parece que tu' no conoces muy bien a una mujer! No voltees la cara, mirame a los ojos, nada vas a resolver con delirar ahora, ya no hay remedio para tu desventura, quiero que sepas que cuando nosotras nos ofuscamos en alguna agencia, lo conseguimos ya sea de una forma u otra. Nada, oyelo bien, nada, prevalece sobre la tierra que la mujer no haya domenado. Hasta el propio Hades, Dios de los muertos, abandono' una vez el tenebroso Erebo, suscitado por una pasion irrefrenable, para buscar en la luz de la faz de la tierra, la beldad incomparable de la dulce Persefone. Como ella no quiso aceptarlo; 'el, siendo un Dios, decidio' raptarla a la fuerza. —Sentencio' ella irascible. Se levanto' como un resorte de su lecho, y salio' veloz a buscar a su abuelo que estaba sentado en su biblioteca. El viejo se hallaba leyendo un periodico, cuando su nieta irrumpio' como una tromba en su despacho.

--What's happening, my baby?—Interrogo' el viejo asustado enhiestandose de su sitial; a juzgar por la fisonomia iracunda de la doncella, parecia que las cosas no marchaban bien.

--Grand Pa, Pitagoras does not love me, he said he prefere the death before my love.

El dominador de cetros, contemplo' detenidamente a su nieta. Su mirada era turbia, y los musculos de su cara macabra se relajaron por breves decimas de segundos. La una del dedo pulgar de su mano derecha, se encajo en la yema del dedo indice. Después de escudrinar minuciosamente el semblante de su nieta, desvio su aguda intuito hacia la ventana donde se asomaba un ramo de Azucenas, planta lilacea de flores blancas muy olorosas, sobre cuya flor habia posado un insecto lepidoptero diurno de alas en forma triangular con matices negros, rojos y amarillo, que lo naturalistas denominan:"Aglais Urticae"…Tambien merodeaba por alli un abejorro de 3 centimetros de largo, y lo clasifican como insecto himenoptero.

--Do not worry, baby, I wiil take care him.

Dicho esto, el magnate se arrimo' a su escritorio, oprimio' un boton sobre la tabla, y enseguida aparecieron alli 2 edecanes. El viejo les ordeno' que se llevaran a su nieta a Miami, y trajeran al cubano. No duro' mucho tiempo en que la orden se ejecutara, y en pocos segundos, se persono Pedrito delante del magnate. Los 2 se observaron fijamente; pero la atención de Bartolito fue distraida, al punto que vio a traves de la abierta ventana, que 2 guardaespaldas se llevaban a Hellen. Ahora, al verla partir, el hijo de Juan sintio' muy adentro de su ser, una rara sensación casi sentimental. No sabia si apiadarse de ella por haberse ilusionado de 'el, o, denigrarla por lo imbecil que habia sido en convocar un amor a la fuerza.

Pedrito se habia convertido en un hombre triste, susceptible, melancolico, su efervescencia espiritual, mero' lo incitaba a romper con esa melindrosa ansiedad que lo mantenia suspendido en vilo. Una cadena acerada que destrozaba su vehemencia innata, ligadura irresistible de un corazon tierno y repleto de compasión por los seres de un dia,..Enganosa pulpa del fatal destino que una vez cato sus papilionaceos "kheilos" para forzarlo a libar la hiel mas agria que fluye del amor…Un sentimiento noble constantemente esta expuesto a los azares del hado funesto...El mundo natural en su perenne reciclaje, expulsa de su seno la materia putrefacta; asi como del mismo modo, los pulmones liberan cantidades de impurezas por medio del CO_2...No de disímil suerte le correspondio a Belerofonte, hijo de Glauco, de quien Antea, esposa de Proteo, se enamoro de el, mas este joven orgulloso y rebelde al no reciprocar las solicitudes amorosas de ella, le denuncio a su marido que Belerofonte habia atentado contra su pudor. Y Proteo irritado por la ingratitud de su huésped, no lo mata, ni lo castiga, por velar el codigo de hospitalidad de Zeus; sino que lo envia a penosos riesgos.

--So, do you want to die befote marry my grand doughter?

--Yes, Sir, I am tired of this life.---Dijo en tono triste como suelen demostrar los que sufren implacable martirio. No escudrino' a Jorge; sino que agobiado por el ingente escozor admitido, resigno'se a la superioridad de la fuerza que lo subyugaba. Inclino' su capite hacia abajo exhausto de dolor. A favor de la ventana de la casa, su vista se perdio en aquel vacio enganoso que formaban las nefeles y los arboles...Retorno' de nuevo aquella desolación antigua que nunca lo dejaba en paz...Ay, ay, ay, en vano se empena la feraz palabra en construir formas.

En medio de este lugubre drama, donde cualquier cosa podia suceder, Pedrito cobro la serenidad original que siempre acarreaba consigo, y presintiendo que su fin estaba cerca, que se encontraba en ese momento delante del hombre mas asesino del planeta, destilo' a merced de sus carnosos labios, una relente sonrisa que significaba la obvia culminacion de sus pesares...Para 'el era mejor morir que sufrir eternamente...El largovidente Zeus le envia la temporaria alegria al hombre, después de haberle herido su noble alma varias veces con viles angustias de

127

doble filo...La defunción soberana es el "telos" de todos los infortunios que suceden en la vida humana...Fenecer significa despojarse para siempre de la envoltura mortal que se llama masa, es terminar de una vez y por todas con esa capa corporea que estorba durante toda la vida, de la cual se desvive el hombre para mantenerla sana, y en un segundo se pierde toda...Morir es el pasaje hacia un reencuentro con nuestros antepasados, es algo similar asi como volver a ver en el otro mundo al rey Minos gobernar con absoluta potestad sobre aquellos espiritus griegos que participaron en la sangrienta guerra de Troya...Es tambien divisar alli a Abdero en las periferias de la playa de la arenosa Pilos, cuidando celosamente las famosas yeguas de Diomedes...Alli tambien se pudiera ver a Briseis, la de rizadas guedejas, ocupadisima en los mimos del soberbio Aquiles...Si se va alli, no se puede pasar por alto al senor Cadmo, el verdadero fundador de la inclita Tebas, la hermosa ciudad de las 7 puertas, alli se pasa el tiempo 'el, esculcando por todos los rincones del tenebroso Tartaro, a su querida hermana Europa, de quien se enamoro' el propio Zeus transformado en toro...Otrosi, se puede otear alli a Deucalion, esmerado en construir su famosa arca para huir del diluvio que se avecinaba, y que lo proporciono' el gran Zeus enfadado con la raza de hombres impios. Como era un Dios, su odio contra los hombres se multiplico'...El que se atreve descender al penumbroslo Erebo, podra' escrutar alli de cerca a Eaco, quien fuera designado juez magistral de los difuntos...Alli esta' Hecuba, aquella noble reina que pario' 19 hijos, todos los cuales fueron pasto de las llamas que arruinaron a Troya...Uno de ellos fue Paris, quien por ser demasiado entendido en cuestiones de belleza, resulto' elegido por el largovidente Zeus, para ser juez imparcial de aquel sonado juicio en el certamen de beldad que iniciaron las 3 diosas; a partir de aquel veredicto, se devino la ruina de la celebre Ilion.

El tejano lo miro' delirante, no podia entender que un hombre tan joven y tan apuesto, tuviera ganas de morir sin antes haber acabado la vida.

--Well, in that case, I will give you a job to do, if, and only if, you do it right, you are free to go any where you want to; but, if you do not do it right, you are dead walking man. Do you understand?

--Yes, Sir.

--O.k. tomorrow morning you are leaving to China, I will give you some documente to take to a man that is waiting for you in Pekin's airport. His name is Hao Pin Pon, he is going to give you a check, you take it to Estocolmo, Suisa, and deposit on the name of my grand-doughter. That's it. After that, you are free to go.

--O.k.

Una vez culminada la reunion, Pedrito fue conducido por uno de los secuaces hasta el segundo piso, donde se alojaria para pasar la noche. Le abrieron la puerta, entro' solo a la recanara, y detrás de el oyo' que la hoja se clausuraba. Estaba solo en una habitación desconocida para 'el, rodeado de una cama, una mesa, y una silla. Paseo' su intuito por toda la habitación, y después se dirigio' a la ventana. A traves del cristal vio zumbar una alegorica mariposa de alas blancas, de la familia "brasolidos"; la cual gusta posarse sobre el cieno, y los sapientes en esta materia la llaman:"Caligo Prometeus"...Otrosi oteo' a la Alucita, bicho semejante a la polilla del trigo, y demasiado perjudicial a la cosecha de los cereales. En esto Pedrito cambio' la vista, y la fijo' en el humedo suelo, y atalayo locomocionar un Podura velludo, similar a la langosta marina; pero de un liliputiense grandor. No muy lejos de alli, estaba la arana Pollito del suborden migalomorfas.

Mas en realidad que le podia importar en aquel momento la vida de otros animales?...Nada...Ahora lo que le incumbia era la suya propia. ..Que intempestivos vuelcos del aciago destino!...Oh, terribles males que vejan un alma ingenua!...Pedrito se retiro' de la persiana, y se sento' en la silla, clavo la vista en cualquier punto de la pared. No miraba nada, solo el vacio...El vacio!... Y que es el vacio?...Es el espacio nulo de todas las fuerzas y energias que pudieran influir en ese momento...No existe la gravedad, esa fuerza anormal, y estupida que somete al hombre a la tierra...El erudito Isaac Newton la descubrio' con la simple caida de una manzana, y al medirla, calculo que era de 9.8 gramos por centímetros cuadrados...Sin embargo, Bartolito creia que la verdadera fuerza de gravedad era: 18.3 gramos por centímetros cuadrados.

Pero ahora el hijo de Fela se encontraba en un vacio... Que podia hacer para salir de ese espacio yermo?... Huir...Cuando llegara a China, se perderia, e iria para Rusia...En medio de esta situación tan embarazosa, Pedrito quiso en un instante de alelamiento, reirse en estridentes carcajadas del fatidico destino que lo empujaba sin misericordia al inhospito camino del destierro...Su hermosura lo habia perdido, y su inteligencia no le servia de nada...Si hubiera sido feo y bruto, ahora estuviera alla en las colinas de Potrerillo corriendo detrás de los pajaros, y cabalgando feliz por las praderas en su potranca alazana...Todo se habia terminado para el, ahora le quedaba un sendero oscuro...Ser humilde es una colosal ventaja, es una cualidad que los dioses favorecen, tanto en la prodigalidad del espiritualismo, como en la sinecura de la hospitalidad...Yamo, hijo de Apolo y Evadne, al punto que nacio' fue abandonado por su madre en un campo florido de aromaticas violetas, alli las serpientes lo apacientaron con miel, y frutas de verdegueantes arboles;

cuando que crecio y alcanzo la bella adolescencia, rogo'
a Zeus que lo llevara al Olimpo, y al verlo su verdadero
padre, lo bendijo con el don de la adivinación.

ଔ

In 1924, Louis de Broglie, puzzled over the fact that
Light seemed to have a dual wave: L= h / p.

ଔ

Cada vez que nace un nino

Lo colmamos de atenciones

Le damos mil bendiciones

Con mucho amor y carino

Lo tratamos como armiño

Con harta delicadeza

Y cuando ese nino empieza

A ser un adolescente

Comienza, lógicamente

Los dolores de cabeza.

Miguel Garriga.

ଔ

"SAEPE CREAT MOLLIS ASPERA

SPINA ROSAS.".
Ovidio.

ᘓ

En efecto, Bartolito estaba predestinado a sufrir amargos sinsabores, y las predicciones del funesto hado, deben cumplirse de cualquier modo; ya sean venturosas o crueles; dulces o agrias. El hombre que desafortunadamente nace siendo victima de un ineluctable maleficio, siente a cada hora hundirse bajo sus pies, la enorme tierra y el vasto cielo. Este mismo hombre subyugado por una fuerza invisible, desciende precipitadamente hasta los exactos abismos del horrible Tartaro, y todos los ecos de la superficie terrestrevan quedadndo redro a medida que su cuerpo se zambulle en la laguna sagrada de la Estigia… Ay, ay, ay, que alifafe tan horrendo producia en el alma tempestuosa de Pedrito, el miraje esteril de una mujer obsecada por un irrefrenable deseo!... La vil y ruin naturaleza lo habia dotado de extremada hermosura masculina, y dionisiaca elegancia con el simple proposito de castigar a las damas actuales prostituidas por ese feminismo bacanal, que llaman igualdad social. Allende a todo esto, el destino le lego una inteligencia filosofica para distinguir la inclita antonomasia, de la vulgar ruindad. … En otras palabras, explicando lo que acabamos de exponer, es que, Pedrito nacio para ser el vengador infalible de esos dóciles hombres que se someten mansamente a la impia esclavitud del hogar…Es por consiguiente, sine qua nom, frenar de una vez y por todas, esa revolucion femenil de que las hembras se sirven para destruir al macho.

Pero que' delito tan horrendo habia cometido Bartolito tan joven para suscitar de tal modo la furia de los dioses olimpicos?...Nada que 'el supiera…Simple y llanamente, su padre Juan habia tenido un fugaz amorio con una cortesana, y al no corresponderle; ya que estaba casado con Fela, la despechada mujer acudio' a Afrodita, la diosa de niveos hombros, y le rogo' que castigara al infiel. He aquí que la hija de Zeus siempre presta a cumplir con las mujeres, desencadeno sobre sobre Juan todo el peso de su encono, y cuando Fela cayo' en cinta, comenzaron los problemas para la casa de Juan.

ᚳᛉ

"CULPAM POENA PREMIT COMES."
Horacio.

ᚳᛉ

CAPITULO   XV

Por fin se devino el dia en que Bartolito debia partir para China, era eso de las 10:00 de la manana, cuando se aparecio' el senor Jorge Bullshit con todos los documentos concernientes al tratado, y tambien a la identidad de Pedrito. Le habian concedido un pasaporte internacional para que pudiera entrar a cualquier pais sin ningun tipo de obstáculo, y dinero en efectivo. Desde luego que Bartolito intuia en su fuero interno, que aquel permiso podia de igual modo darle acceso al cementerio. No podia confiar en aquellos rufianes, y sospechaba que después que cumpliera la mision, seria hombre muerto. Por ello, tan pronto el avion aterrizara en China, buscaria la manera mas conveniente de huir, y brincar la frontera hacia Rusia, y de ahí a Europa.

Lo trasladaron en una limousina hasta el aeródromo internacional de Washington D.C.   Pedro se apeo del carruaje, agarro sus documentos, y se dirigio al interior del local en busca de la linea aerea T.W.A. Le entrego el boleto a la recepcionista, revisaron los papeles, y de inmediato le indicaron que pasara al segundo piso del edificio, donde abordaria el aeroplano. A poco Bartolito encontro' la entrada por donde debia introducirse en el avion, noto' que no estaba solo, se habia dado cuenta que seguia vigilado de cerca. Se trataba de 2 tipos de aspecto anglosajon.

Pedrito aguardo una hora antes de que despegara el artefacto volador, y ya estando el aeroplano en el aire, el senor Jorge Bullshit sonrio maliciosamente. Agarro su telefono portátil, y llamo a su colega arabe Ibrahim Al Qatar. Le explico en idioma ingles que su victima iba en camino a Pekin. Este era el aviso para que Ibrahin actuara pronto. En efecto, el arabe tenia que reclutar una caterva de terroristas para realizar un savotaje grande en cualquier sector petrolero de Kuwait, para que sirviera de subterfugio a Jorge y se presentara en este emirato petrolero como un consolador y al vez como salvador. Una vez asegurado ese rico emirato petrolero, se le venderia el crudo a China, quien pagaria muy bien el barril.

Asi fue como mientras Bartolito llegaba a Pekin, se efectuo el primer atentado en la zona de Kuwait, y enseguida Jorge Bullshit se aparecio en aquella tierra arida en un Jet supersonico privado, para brindar sus condolencias y ademas su apoyo militar al gobierno de ese pais. Posterior a la consolidación de las relaciones bilaterales entre Kuwait y Estados Unidos, se procedio', por sugerencia del mismo Jorge, exportar toda la producción de petroleo a China. Se ha de ver que al rey de Kuwait, llamado Saladino Sistani, le plugo esta tentadora proposicion de su colega Jorge, de venderle todo el crudo a Hao Pin Pon, ya que seria mas rapido negociar directo con un solo socio, que lidear con varios.

Con respecto a Bartolito, tuvo que esperar alli en Pekin 14 dias hasta que se materializara todo el contrato. Se habia hospedado en el hotel "Emperador" y su vida alli transcurria monotona. Como sabia que lo estaban espiando, no veia ningun chance para salir huyendo de China. Pero una noche quiso visitar el museo nacional de arte en el centro de Pekin. Habia mucha gente en todas las calles, y de pronto comenzo' a lloviznar levemente. Todos los que acudian al museo tenian que quitarse las capas y dejar los paraguas en la entrada.

De pronto, en medio de la multitud que acaparaba la puerta de entrada, 5 hombres enmascarados desenfundaron sus armas automaticas, y gritando en lenguaje chino que todos se tumbaran al piso, comenzaron 2 a saquear las obras de arte, otros 2 a rapinar a los tendidos en el suelo, y el ultimo cerrando la puerta principal, velaba toda la escena. Bartolito no estaba en medio del salon, sino que se habia echado en uno de los rincones, y arriba de su cabeza estaba una ventana de facil acceso.

He aquí que sin pensarlo 2 veces, pues de todas maneras su muerte estaria segura en Europa, le quedaba solamente esta oportunidad para fugarse, se levanto' como un relámpago del piso, descorrio' el pestillo que aseguraba la tabla, oyo' un alarido detrás de 'el, no presto atención, brinco al otro lado, y cayo' en el vergel que rodeaba la arquitectura. Una ráfaga de balas salio en pos de el por la abertura; pero ninguna la alcanzo'. Salio' corriendo por aquel jardin que parecia un lince, alcanzo' la cerca de rejas metalicas, la volo' de 2 pasos, y descendio' en la calle. Inicio' a correr como un loco desenfrenado por todas las avenidas sin rumbo fijo. No conocia la ciudad. Y apenas vio un tranvía que cruzaba propincuo a 'el, lo alcanzo', y aferrandose de un tubo, salto' al primer peldaño del transporte.

Su respiración era jadeante, y sus resuellos no lo dejaban casi respirar normalmente. Asomo su cabeza a traves de los cristales de la puerta, y vio hacia dentro muchos chinos sentados, otros parados; pero nadie lo tuvo en cuenta. Los chinos son indiferentes con el resto del mundo. Asi estuvo Bartolito por largo rato guindado de aquel carrousel, hasta que un gigante tren le paso' por el lado, solto' el que tenia, y se prendio del otro, entro' a un vagon de cemento, y se echo' a dormir sobre uno de los sacos.

❧

"The law of conservation of mass states that, matter is neither created, nor destroyed during a chemical change."

Antoine Lavoisier.

❧

Ahora bien, y si ocurriera un cambio fisico en la materia?...Verbi gratia, en el apagon del foton...Que sucederia entonces?...Habra' aquí transformación de la materia, o, disipación total?

❧

Cuanto recuerdo hilvanado

En tu vida de estudiante

Te vistieron de gigante

Con prestigio bien ganado

Tu siempre estuviste al lado

De lo noble y la razon

Protestaste la ambicion

La mentira y la desidia

Y nunca pudo la envidia

Penetrar tu corazon.

Otilio Alejo.

CB

CAPITULO   XVI

En la calurosa ciudad de Miami, Florida, la joven Susana, hija de Sofia, se hallaba echada en su lecho. Su rostro lloroso daban el indicio de que estaba pasando por un grave momento. No era bella, ni tampoco poseia un cuerpo envidiable. De las 2 hijas de Sofia, ella era la mas renegada. Siempre fue acomplejada, hasta el punto de rivalizar en todo con la hermana. Existia otra persona que ella odiaba en demasia y en secreto. Esta persona era: Hellen Bullshit La odiaba por 2 motivos: uno, porque Hellen era mas bella que ella, y el, otro porque tenia mucho mas poder y dinero que ella.

Ahora alli estaba Susan acostada gimiendo de pena. A su lado, sentada en el borde de la yacija, se encontraba su madre acariciandole los rizos de los dorados cabellos. Estaban las 2 solas. Roxana estaba en la universidad. Sofia se mostraba bastante preocupada; ya que su hija le acababa de confesar que estaba embarazada.

--Como es posible?...Quien es el autor?--Interpelaba la madre una y otra vez.. aquella incertidumbre definitivamente la estaba volviendo loca. Pero la joven no cedia, no podia de ningun modo declarar la verdad.

--Ay, ay, ay, no puedo confesartelo, mami, no tengo perdon de Dios, soy una criminal. Ay, ay, ay,

Asi lloraba Susan derramando sendas lagrimas que se precipitaban huidisas por sus palidas mejillas. Sus ojos vidriosos escrutaba fijo a su madre, y la boca era un charco de saliba. Sofia al ver este cuadro tan enternecedor, le agarro la cara y le beso la frente.

--Hija mia,--Le hablo en voz queda.—yo soy tu madre, la que te pario, que yo sepa siempre he sido leal contigo. Cuando tu padre murio, me quede viuda, y me dedique completamente a ustedes 2. Me olvide de la vida mundana, y asumi con mucho interes la posición de madre adnegada. Ahora bien, si yo todo el tiempo te he sido fiel, y jamas he andado con tapujos, por que ahora tu me ocultas quien es el padre de tu criatura. De todas maneras algun dia tendre que saberlo, ya tienes 4 meses, tienes que parirlo.

La joven observo directo a su mama, y vio tanta ternura en aquellos ojos que no pudo contener mas el arcano.

--Este "baby" –Adujo con voz temblorosa al interin que se palpaba el estomago.—es de Pitágoras…

--Oh, my God!...Que felicidad!—Ululo' la senora con gran jubilo; pero Susan continuaba sollozando.—un nieto bello como Pedrito—De pronto, sacudio' la cabeza, y torno' a la realidad.—pero 'el esta huyendo de la familia Bullshit porque preno' a Helen…

--Por eso mismo lloro, mami.

--Por que', hija mia?...No se lo diremos a nadie. Tu y yo solas lo sabremos…Pero por que' no te alegras?

--Mami, ese feto que carga Helen no es de Pitágoras.

--Que' insinuas?—Respingo' Sofia medio aturdida.

---Un dia Hellen me contrato' para que yo le recabara el semen de Pitágoras, yo me disfrace' de prostituta, acose' a Pedrito en la licoreria de la esquina, lo seduje, me lo lleve' al carro, y me acoste' con 'el; pero yo no le di ningun semen a ella. Helen nunca se ha acostado con 'el. Ella me pago' una gran suma de dinero para que yo me disfrazara de prostituta y conquistara a Pitágoras, le extrajera el semen, y se lo llevara a ella en un diafragma de goma que nosotras nos metemos en el utero que realiza la funcion de condon. Yo no podia traicionar a Pitágoras, ya estaba locamente enamorada de 'el, y si no realizaba esto, yo se' que de otra manera no podia conquistarlo...

--Y de quien es el feto que carga Hellen, , hija mia?— Bramo' la madre fuera de control apretando a su hija por los hombros.

--Me acoste' con otro hombre, un indigente que deambulaba por las calles, y ese fue el espermatozoide que yo le lleve' a ella.

--Noooooo!

❧

"IN GREEK, THE WARD "TRAGEDY" MEANS "GOAT SONG", AND DANTE ALIGHIERI SAID, THAT TRAGEDY IS SO CALLED; BECAUSE ITS STORY IS UMPLEASANT AND SMELLY AS A GOAT."

❧

Artista diminuto me contemplo

Acaso, soy tambien el universo?

Sueno, yo sueno, desandado verso,

Soy un pequeño Dios, 'este, mi
templo.

Pepe, el Toro.

❧

CAPITULO   XVII

Al punto que Jorge Bullshit se entero' que su presa se habia fugado, se dispuso de inmediato a contactar a sus colegas Hao Pin Pon e Ibrahin Al Qatar. Al de China le pidio' que hiciera todo lo posible por capturar vivo, o, muerto, al profugo; y al de Arabia le rogo' que telefoneara a Fidel Castro en Cuba, y vigilara la familia de Pitagoras por si acaso estaban en comunicación con 'el. Pero como en el censo nacional cubano no aparecia nungun nombre de Pitágoras Ayon Levine, se emprendio' entonces una nueva investigación sobre la verdadera identidad del joven, se revisaron las llamadas telefonicas que 'el hizo a Cuba desde la casa de Sofia, y se llego' a la exacta conclusión que era hijo de Fela y Juan. Ha de verse que en seguida se suscito' una caceria humana en contra del hijo de Fela.

A medida que la panza de Hellen iba en aumento, su corazon enternecido por una pasion ilimitada, clamaba en silencio por el garante de aquel delito amoroso...Se trataba de aquel engendro que acarreaba en su vientre. Aquel hombre inhumano que la despreciaba y no queria aceptar que era el verdadero padre de su hijo. Aquel asceta impavido que por haber sido escogido por la naturaleza para ser bello, no sentia ninguna piedad por las mujeres,

y mucho menos por la que iba a concebir su vastago…
A la sazon, tanto como Hellen y Pedrito ignoraban la
mera verdad de los hechos; por su parte Hellen le habia
encomendado la tarea a Susan de recabar el semen de
Pitágoras, y 'esta la habia enganado, concediendole otro
que no era de Pedrito. De ahí que Hellen creyera que el
hijo que cargaba en su vientre era del infiel. Hubieron
muchos momentos en que Hellen se sentia culpable por
culpa de su insano capricho, su veleidad contravencional
la habia imbuido a perpetrar el engano, y todo habia
resultado muy diferente a como habia planeado. Ahora
'el se encontraba lejos, y quien sabe si estuviera muerto,
o, preso,…De que' le sirvio' liarlo a un drama de
embelecos?...Que' horror!...Tremendo desafuero de la
mentalidad femenil!...Tambien las intrepidas aguilas se
lanzan desde lo alto en un solo vuelo mas alla de los mares
profundos e inhospitos….Ay,ay,ay, que' osada pulsación
la del irrefrenable deseo!...Sufrir en carne propia las
injusticias que padecen los seres queridos, es la cosa mas
cruel de todas las penalidades.

Pero el amor vence todos los obstáculos, y cuando
Hellen supo a traves de su madre, la hija de Jorge Bullshit,
quien se lo contaba todo a ella, que andaba la mafia de
China, Arabia, y Estados Unidos tras su amor imposible,
decidio visitar la casa de Sofia, e informarselo a la senora
por si acaso contactaba con el joven, ponerlo al tanto de
todos los acontecimientos.

He aquí que la senora Sofia cuando vio' llegar a
Hellen al dintel de su morada, trepido de pies a cabeza.
Un temblor nervioso usurpo todo su cuerpo. La sangre
de las venas se congelaron, y por consiguiente, los huesos
tambien se le entumecieron.

--Buenos dias, hija mia! Que' haces por aquí tan
temprano?—Saludo' la senora tartajeando la voz. Se le
notaba a simple vista su incomodidad.

--Buenos dias, Sofia! --Hellen le respondio' en idioma español.—Te noto nerviosa, que'
te sucede?

La buena senora no sabia que decir. No podia declarar la verdad.

--No, nada.

--Que' raro! No te veo normal como siempre te he visto. Acaso es por el embarazo de tu hija Susan?

Sofia volvio' a sacudir el cuerpo, una corriente algida la estremecio' de arriba abajo.

--Que' dices?---Respingo' sobresaltada.--- Ya te enteraste?

--Si, todo el mundo en la escuela lo sabe, Roxana se lo ha dicho a todos los alumnos, ella esta muy contenta de que va a tener un sobrino dentro de poco tiempo….

---Ay, ay,ay,!

---Por que' te lamentas asi de tan abominable modo?

---Ay,ay,ay,!

---Que' te pasa?...Acaso no estas contenta con tu futuro nieto?

---Ay,ay,ay,!

---Pero mujer! Que' es lo que tienes que te veo tan nerviosa?

---Perdoname, no puedo hablar, un enorme buey pesa sobre mi desenfrenada lengua.

---Que' quieres decir?

---Eso mismo, no quiero decir nada.

Hellen observo' detenidamente a Sofia, y cavilo' que aquella senora se estaba volviendo loca. Y sin mas preámbulos, se marcho' rapido de alli…La mujer es la mujer, puede ser proba, seria, condescendiente; empero, al mismo tiempo, hay algo en ellas que las rebajan a la condicion de animal mezquino,feroz, hurano, y hartamente alevoso.

❧

Epicurus declared that the deities exist, but they should not be feared; because, they dwell apart from humanity. They are not concerned with human affairs; because, that would conflict with their happiness.

❧

"DUM VITA EST SPES EST."

❧

CAPITULO   XVIII

De pronto Pedrito se desperto' asustado, no sabia donde estaba, para su opinión habia dormido mucho tiempo; el cansancio y el ruido monotono de la locomotora habian contribuido a hacer mas propicio su dormicion. Se incorporo' de su improvisado lecho, y se asomo' a la hendidura de la puerta del vagon. Ya era de dia, y el sol comenzaba a levitar su vuelo. El tren se habia detenido en un campo dehabitado, que no se veia ninguna casa alrededor; solamente se escuchaba por doquier, el incesante trinar de los pajarillos volantones... Que' belleza el campo!

Se apeo' del carro ferroviario y echo' andar en direccion hacia el Norte,guiandose siempre por la posición del sol. Anhelaba llegar a la frontera entre China Y Rusia. Ya estando alli en suelo ruso, podia tener mas acceso a la comunicación con Cuba. Por si fuera poco, alli en Rusia residian numerosos estudiantes cubanos, y de Cruces habian varios. Si mal no recordaba, Alexis del barrio la trocha, y Luis Fresco, estaban alli.

Continuo' su largo recorrido por aquella savana exuberante de hierba verde y amarilla, flores silvestres, muchos sembradios de arroz, y algunas matas frondosas dispersadas en el terreno. A medida que avanzaba por aquella pradera, sentia un poco de calor y quiso deshacerse de su saco y los papeles de identificación. Ambas cosas las escondio y siguió caminando. El nacio' en el campo, y crecio' entre los matorrales, no tenia miedo andar solo, ni mucho menos temia a la fatiga, podia andar muchos kilómetros sin cansarse.

Delante de 'el vio' un arroyo de aguas cristalinas, bebio' abundante agua, y prosiguió su dilatada marcha. No bien llevaba 10 kilometros recorridos, diviso' en la linea del horizonte algunos cuerpos movibles, supuso por intuición de campesino que se trataba de vacas. Se acerco' mas a los animales, y vio' que eran caballos indóciles. Necesitaba uno de esos para acelerar su empresa. No tenia soga, ni nada que pudiera utilizar para atraparlos. De lo unico que dispensaba era de su pantalón, y sin pensarlo 2 veces, se lo quito'. Ahora lucia vestido simplemente con camiseta blanca, calzoncillos del identico color, las medias tambien; excepto los zapatos que eran negros.

Bartolito no se arrimo' mucho a los cuadrupedos, ya que como era gran conocedor de animales, sabia que en habitad libre se asustarian mas pronto que lo normal. Por ello, desde su atalaya, calculaba cual seria el mejor punto para enlazar uno. Cualquiera que fuera en esos momentos, le serviria bien. Por lo que sin perder otro segundo, se echo' al suelo y auspiciado por la hierba, comenzo' a reptar como si fuera una anaconda.

Las bestias estaban paciendo la hierba; pero de vez en cuando, alzaban la cabeza como si presintieran que algo raro acaecia a su alrededor. Pedrito observo' que eran 5 y una estaba mas separada de las demas, en una posición mas asequible que las otras; asi es que, esa seria la que 'el trataria de atrapar. Sin perdida de tiempo, se deslizo' como un reptil hacia ella, y antes de saltar sobre el cuadrupedo, se oculto' detrás de un tronco seco de Encino tirado en el suelo. Alli estuvo por espacio de 22 minutos hasta que el animal se acercaba mientras comia el pasto.

De pronto, al punto que Pedrito supo que su presa estaba contiguo a 'el, se lanzo' como una fiera sobre aquel largo cuello, y con las 2 puntas de su pantalón sostenidas por sus 2 manos, lo colo' por encima de la cabeza de aquel caballo rojo, y le lio' el hermoso pescuezo con la tela. Ha de verse aquí que aquel animal sintiendo la presencia de un humano, que es el animal mas malo del orbe, comenzo' a relinchar, e hizo todo lo imposible por safarse de aquellos lazos que lo sujetaban. Pero si hubiera sido otro hombre el que se viera en estos trances; quizas aquella bestia se hubiera escapado; mas no con Bartolito, puesto que a parte de que era un buen jinete, la situación desesperada en que se encontraba, le ayudaba mas a realizar su proyecto.

De esta guisa estuvieron ellos 2 forzajeando por largo rato hasta que el potro entendio' que contra la necesidad no se puede; por lo que resignandose a su destino fatal, cedio' manso a los ruegos del jinete. De un brinco, Bartolito se monto' encima del brioso corcel, y partio' al galope tendido siempre buscando el Norte. De hecho se encontraba en la provincia de la Manchuria, propincuo al pueblo de Harbin, trataba por todos los medios de evadir la ciudad, siempre buscando el monte. Asu paso tropeso' con varios campesinos; pero ninguno le presto' atención. A los chinos no les importa la vida ajena; la hospitalidad, la filantropía, el altruismo, son reglas desconocidas para ellos. Es la raza mas insipida, mas fria, mas metalizada que abunda en el orbe. Le extranaba de sobre manera a Bartolito que no hubiera topado con ningun animal feroz; pero tambien tenia la certeza de que tan poco lo iba a mirar; ya que según dicen los chinos se comen todo; para ellos todo lo que se mueve es comida.

Asi siguió cabalgando dia y noche por aquellos campos despoblados, se alimentaba de verduras y hierbas, y bebia agua fresca de los rios. En medio de esta situación memorizaba el famoso dialogo que Diógenes, el cinico, sostuvo con el filosofo Aristipo. "El dia que aprendas a comer hierba, Aristipo, ese dia vas a comprender que no tendras necesidad de tratar a los ricos."...A lo que Aristipo le contesto':"Diógenes, el dia que sepas tratar a los ricos, jamas vas a comer hierbas."

Entre tanto Bartolito cabalgaba por aquellas llanuras exuberante de fina hierba, y salpicada de verdes matorrales, cavilaba profundamente en su estado actual; miraba su pasado con nostalgia, fue una infancia tranquila, feliz, positiva; ahora su presente se presentaba delante de 'el, odioso, infeliz, y negativo; si acaso queria hallar su futuro con la suma del pasado y el presente, encontraria un cero, un resultado nulo. Para todo espiritu que se sienta libre, debe haber un espacio especial en su corazon donde acumule cierta inclinación por la reflexion...La mayoria de las veces, esta meditacion esta acompanada por vagos acordes que alguna vez fueron empleados por celebres musicos; por ejemplo, Charles Stanford, quien empleo' elementos vernaculos a sus composiciones de extraordinaria extensión...Subsumiendo estos terminos, podemos concluir que, Pedrito nacio' para resistir y deleitarse en la inmersion persectiva del sagrado arte... Nada absorbia tanto a su ser, como recibir de ultratumba sonidos acordes. Pero lo cierto era que sus mohinos ojos color bruno, saturados de inconcuso embeleso, por ratos se obstaban, y en otros intervalos se desplegaban sus parpados, procurando asimilar de extravagante manera la osmosis armoniosa que generaban aquellos sonidos y penetraban a traves de sus delicados oidos encantando su diletante corazon.

Para Pedrito solamente existian en la vida 2 esencias que lo transportaban a otras dimensiones extratosfericas: la matematica, y la musica. Estas 2 disciplinas unidas, hacian crecer en 'el, una especie de "aisthesia" propedeutica inmanente a una convulsion metafisica que trasciende los lindes de lo empirico y lo diacronico...Por si fuera poco, hubieron instantes en su atribulada vida, en que su pobre alma aneja a esos anomalos sentimientos, adicta a una lata inervacion de agravada "genesis"multisonora, cuyas notas musicales carentes de anfibología, se escinden en el etereo espacio para exceder la gazmoñería y arribar vehemente a su refractario corazon, atribuyendole una colision hipocondriaca, la cual inmunizaba todo su sistema nervioso.

Se veia por toda aquella campina distintos tipos de insectos y animalitos pequenos, entre ellos se movian los Lacciferidos, una clase de bichitos homopteros que se caracterizan en lo esencial por la constante secrecion de laca, un producto idoneo para la conservación de la "xulon"...Mucho menos debemos prevaricar de mencionar la langosta migratoria, un insecto ortoptero de la especie acridoideos....Entre los "zoions" artropodos que discurrian por alli, faltaba senalar la Libelula, perteneciente al orden de los odonatos....Otra mas, la Luciérnaga, bicho coleoptero de la superfamilia Lampiridos, de color amarillo pardusco, la cual emite una luz fosforecente que de noche alumbra como un faro....Los Lucanidos: animalito coleoptero polifago... La Camoati, una avispa del linaje de los vespidos...La Cantarida, insecto artropodo vesicante de unos 20 milimetros de largo...Tambien por alli un caracol se desplazaba lentamente sobre el humedo terreno, se trataba de un molusco gastropodo, del cual existen mas de 20 000 especies distintas en la tierra, el mar, y el rio. ...Y para epilogar con toda esta serie de animales artropodos, es sine qua nom mencionar, al Cerambicido, un insecto coleoptero, calificado por la extraordinaria longitud de sus antenas.

Después de haber recorrido 30 dias con sus noches, arribo' por fin a la frontera con Rusia, en la comarca Aihun, solto' el caballo, se puso el pantalón, y se entrego' a las autoridades aduanales que patrullaban la frontera. Los sovieticos lo aprehendieron, y lo trasladaron al Estado Mayor de Inmigración…En seguida le trajeron un traductor que hablaba ingles, y Pedrito le confeso' que era de origen cubano, nacionalizado norteamericano, y que buscaba asilo politico en Rusia….Ha de verse que de inmediato se formo' tremenda algarabía, y los titulares de todos los periodicos rusos, no cesaban de mostrar la fotografia de Bartolito indigente con las manos esposadas. Se escribian todo tipo de historias ficticias sobre el emigrado, algunos comentaban que habia sobrevivido a un fenómeno natural; otros que el joven habia escapado de la prision de China.

No paso' por alto su apolineo rostro ante la vista de tanta muchedumbre quen leian los tabloides, y la noticia se rego' como polvora por todo el pais, y tambien brinco' las fronteras de aquel territorio, y la noticia llego' a oidos del primer mandatario chino Hao Pin Pon.

Incontinenti, el presidente chino, telefoneo' a su colega estadounidense, Jorge Bullshit; no pudo menos el gringo que atesorar momentáneamente cierto jubilo; pero pronto se esfumo' de su pecho aquella vana ilusion. Porque si bien era cierto que 'el mantenia estrecho vinculo con Arabia y China; no obstante, la relacion con Rusia era muy diferente. Sin embargo, por aquellos tiempos, se rumoraba por doquier, que el presidente estadounidense, Geraldo Ford, anhelaba por todos los medios, establecer cierta relacion diplomatica con la Union Sovietica, con el objeto de limar algunas asperezas que habian surgido durante la infructuosa guerra de Viet Nam.

Para ello, Jorge Bullshit ideo' remitir una embajada de jóvenes estudiantes a Rusia, para que intercambiaran conocimientos culturales con los jóvenes discipulos rusos. Esta era una manera pacifica de entrar en el corazon acerado sovietico. Ha de suponerse que en esta susodicha embajada, iba su predilecta nieta Hellen Bullshit. Asi es que, cuando se murmuro' por todo el mundo que se efectuaria por primera vez en la historia, una relacion bilateral cultural entre Estados Unidos y Rusia, Fidel Castro fue el primero en protestar, y dio' comienzo a la critica; en seguida telefoneo' a Mijail Bresniev diciendole que no aceptara ninguna alianza con el comun enemigo; ya que los troyanos en otra epoca por acoger regalos de los contrarios, provocaron su propia derrota.

Pero desafortunadamente Mijail Bresniev no le puso atención a Castro, lo juzgaba como un hombre muy arrogante, y consintiendo en el pedido del norteamericano, permitio' que se celebrara en Moscu', la primera relacion bilateral cultural entre los 2 paises supuestamente enemigos. Mas las cosas cuando toman un giro no apropiado a uno de los integrantes de un grupo, se crea la desconformidad y el descontento, y se ejecutan otras reglas de juego que la mayoria de las veces no beneficia a todo el mundo…Fidel Castro no se quedo' con las manos cruzadas, y sabiendo por la misma boca de Bresniev que la pandilla de Jorge Bullshit ansiaba a toda costa contactar con el cubano exiliado en Rusia, se lleno' de curiosidad, y tambien remitio' una embajada de estudiantes a la Union Sovietica. Como ya se habia enterado que el joven que buscaba no era el tal Pitágoras, sino Pedro Bartolito, quiso averigual bien todo lo relacionado con el joven. ..No duro' mucho tiempo en que Fidel supiera toda la verdad que envolvia la figura de Pedrito, y tambien quiso participar en la caceria del muchacho. Podia fácilmente pedir su extradición por profugo de la justicia cubana; pero Mijail bresniev ya habia orquestado aquella reunion, e interceder ahora seria un agravio.... Para ello, Fidel mejor decidio' invitar especialmente a la doncella Eva Contreras, como cabecilla de susodicha embajada. Por su parte la bella joven no queria desperdiciar la oportunidad de ver de nuevo a Pedrito, y a sus padres le cuadraba bien estar en buenos terminos con Fidel Castro.

Por otra parte, aquel dia 24 de Agosto del ano 1976, al punto que los haces opacos del sol, incidian apenas sobre el cascajoso suelo sovietico, en un angulo de 80 grados con respecto a las faz de la tierra, ya pasaba la hora de las 12:00 meridiano, y las espumosas brumas no anhelaban abandonar la superficie de aquellas aridas regiones, y una cuantiosa humedad se incrustaba terca en las paredes del cuarto del hijo de Fela.

Alli estaba 'el echado en un jergón, mientras tanto sus melosas y brillosas pupilas se enfilaban hacia una abertura de la persiana que estaba situada en una de las paredes de aquel hemiciclo. Su mente, por decirlo asi, montada en las luengas alas de la meditacion, discurria ausente a traves de todo el tortuoso laberinto de su retrospectiva existencia....Una mirada hacia el pasado, valia mas que cualquier escrutinio hacia el futuro...habia muchas cosas en que pensar...Pero para que'?...Cual aliciente le podian proporcionar cuando todo su preterito estaba inundado de infortunios....Era mejor abandonarlas en el olvido... Pero cual "olvido"?...Si durante todo el transcurso de la vida, el hombre se recuerda mas de la desgracia acaecida que los placeres gozados....En la desventura un corazon suele mas llorar el tesoro perdido, que el erario por alcanzar.

Los oidos obstruidos por la acustica del pasado, no pretendian escuchar sonidos venideros, ni mucho menos deseaban auscultar ecos de tonos consoladores…Mientras subsiste la agonia, el diapasón de deleites antiguos, corroborara' de una manera eficaz, a armonizar el alma angustiada; porque sin dolor, jamas habra' alegria…Es menester sufrir, para templar aun mas el animo…El infortunio nunca es esteril; es en la adversidad donde se producen esos genios liricos como Euripides, Ovidio, Byron, Vargas Vila, y Pepe "el toro".

En el desden, y solamente ahí, se halla toda la filosofia de la vida…Es el maravilloso prisma que refracta ese inefable· rayo de luz que proviene del infinito, y lo convierte en varios colores para conceder extrema utilidad a la optica…No hay cosa que le repugne mas al aguila que descender desde las alturas, donde todo es felicidad, y tener que pelear a la hedionda serpiente…No obstante, el aguila real siente asaz indiferencia por el pobre sorsal, que tiene que reventar sus delicados pulmones para complacer al oido humano, y a los demas animales de la jungla; en cambio, el aguila levita su majestuoso vuelo por encima de la podredumbre de la tierra, y no gusta oir ni los cantos del sorsal, ni mucho menos los quejidos de los hominidos…Hasta las empalmezadas nubes se aterrorizan de espanto, al ver pasar muy cerca de ellas, aquellas vigorosas alas que, si quieren, pudieran producir el rayo.

La vida mas feliz, es la de ser inconsciente a las desventuras…Y Pedrito bautizado en su especioso agravamen, barruntaba enhiestar su lastimado pecho, al embate de las lanzas enemigas de la discordia….El vastago de Juan, no le quedaba mas remedio que contemplarse dentro de si, para buscar ese sol puro que obsequia la filosofia, y que tanto de noche como de dia, concede una concordia exenta de amarguras.

El guajiro de Potrerillo habia llegado a un punto muerto de su vida, en el cual no hallaba ninguna solucion a su problema, estando cautivo, no podia darse el lujo de desdeñar a sus enemigos, ni desarmar a sus adversarios. Su noble corazon aun poseia mas capacidad para la misericordia que para el odio. El comprendia muy bien que el rencor es un sentimiento avasallador, que esclaviza al alma de una manera inconcebible, y no la deja emigrar a esos espacios esotericos donde se recrean las musas del Helicón.

En cuanto a sus amores, en realidad no apetecia ver a ninguno, todos ellos le habian hecho la vida imposible. Todos sus pesares provenian de ahí. Estaba muy consciente de su posición actual. Y no podia decir mas como decia Louis III:"AMO A QUIEN ME AMA."

ଔ

La sangre que derramo' a borbotones la herida de Hector cuando fue aniquilado por el impetuoso Aquiles, presentaba una viscosidad de 0.027, y la presion con que emanaba era de 4000 dynes por centímetros cuadrados. Según el doctor Jean –Louis-Marie Poiseuille, la velocidad con que salia esa troyana sangre de las arterias de Hector, seria de 1.11 cm/s. Si se tiene en cuenta que el radio de la vena era de 0. 008 cm.

ଔ

" POTEST EX CASA MAGNUS VIR EXIRE"

Seneca.

ଔ

Me siento rey, me palpo soberano,

158

Es mi poder sonar el infinito

Soy un hombre?...o, tal vez un mito?

Pepe el toro.

CAPITULO XIX

Asi las cosas, por fin el encuentro entre los 3 paises se efectuo', y las 2 mujeres, tanto como Hellen y Eva, cada cual por su lado, llegaron a Moscu', buscaban ansiosas el paradero de Pedrito para ver si podian persuadirlo de que las acompanara a sus respectivos paises, averiguaban por aquí, por alla, hasta que por fin lo hallaron. En ese instante se abrio' la puerta de su buhardilla, y uno de los gendarmes lo saco' a la sala de estar que se hallaba en el segundo piso.

Eva fue la primera en topar con 'el. El semblante apolineo de Bartolito habia mudado bastante en su lozania, su tez habia adquirido un viso de seriedad inflexible, tal parecia que el dolor, los sufrimientos, la frustración, el abandono, el martirio de llevar una carga muy pesada toda su vida, le habian concedido un extrano acento de potestad...Ciertas mezclas de partes contrarias, producen la armonia...Su bello cutis tonificado por la radiación canicular del Oriente, le hacian lucir un tinte laqueado en su fisonomia otorgandole cierta dosis de durabilidad. Su mirada era mas serena, e inquisitiva, y sus gestos mas lentos. Como que habia recabado cierta calma interior...No soplaba ninguna brisa en ese instante, todo elemento atmosferico estaba paralizado; tal parecia que

Zeus habia encerrado todos los vientos en la cueva de Eolo.

Alli estaba ella aguardando por 'el. Al verlo de nuevo, enorme fue la impresión que se llevo'. Un libro pequeño que sostenia en su mano izquierda cayo' al piso, mostrando en su caratula un rotulo celebre de Hipócrates:" FOEMINA EST QUOD EST PROPTER UTER."… Los 2 se miraron fijo, ella no pudo detener un seco quejido, y 2 lagrimas que se le escaparon sin querer de sus cuencas opticas, y se precipitaron por la tersa superficie de sus anacaradas mejillas, trazando en su bello cutis, surcos sinuosos imposibles de alinear. El en ese momento sintio' pena, y se adelanto' hacia ella, la cual lo abrazo', y después de saludarlo efusivamente, le informo' que ya habia hablado con Fidel Castro para auspiciar su retorno a la isla sin ningun cargo judicial; ya se habia esclarecido todo, y se habia llegado a la conclusión, que Cecilia fue la cusante de tal desdicha. A medida que se expresaba, su voz iba adquiriendo un tono extrano, similar a aquellos hieraticos ecos del inolvidable "REQUIEM" de Johannes Brahms.

A Bartolito le causo' esta noticia asaz alegria, volver a aquellos preciosos y amados campos…En pos de esto, se aparecio' Hellen en el vestíbulo de aquel viejo edificio, ataviada de un elegantisimo vestido de maternidad, su rostro muy bien alinado, sus ojos glaucos, casi proteicos, idoneos para la indagación, oteaban a Pedrito y a Eva, no le gusto' nada aquella escena, no esperaba ver a su amado acompañado de otra mujer, ellas 2 no se conocian personalmente, nunca antes se habian visto; empero, el destino comun a las 2, las habia llevado alli al unisono. Hellen no le presto' atención a Eva. Lo primero que hizo Hellen al notar que su hombre no insinuaba nada, ni realizaba ningun gesto para correr a ella, fue sujetarse el vientre, como si estuviera aguantando aquella carga que resultaba el fruto de la union de sus reciprocos genes. De hecho, ella cavilo' por un segundo que 'el al verla de nuevo, se lanzaria arrepentido hacia ella para pedirle perdon por lo esquivo que habia sido en el pasado; pero no, nada ocurrio', y Pedrito continuo' estatico en su posición anterior. Empero ella, al percibir la evidente indiferencia de 'el, no hallo' mas recurso que recurrir al llanto como forma de piedad para su pena. Bartolito no era de piedra, y frente a las lagrimas, nadie se ensana. Abrio' sus brazos, y ella negligiendo su autentica vanidad, se arrojo' en su pecho y se abrazo' frenéticamente a 'el. Mas Pedrito comprendia que aquel llanto era traidor y ponzonoso.

---Te he extranado mucho.—Musito' ella con voz casi angelical. Esta silabas atravesaron incisas el gaseoso eter, incidieron en los conductos auditivos de 'el, y fueron a clavarse como dardos de doble filo en el corazon martirizado del joven...Por su puesto que aquellos no fueron simples vocablos que se escaparon sin querer de una boca tierna; no, aquellos fueron en verdad rayos laser no emitidos de un prisma como el producto de la influencia oblicua de la luz natural que proviene de Helios; sino que emanaron de aquella "GLOSSA"incontrolable regida por un cerebro habil y suspicaz.

Por su parte Bartolito la observaba taciturno, no osando esbozar alguna palabra que pudiera alarmarla. No se podia dudar que ella estaba bastante empenada en lograr lo que se proponia, y supo bien picar al aguila en el cuello e inocularle el fatidico veneno...Un aguila herida no puede volar por mucho tiempo, esta' expuesta a la inminente caida...Lo exacto le sucedió' a Pan, cuando culmino' lesionado de amor por Pitis...Cual mujer no se ha servido alguna vez de su astucia para atrapar a su amante?...Solo se sabe de una que no se atenia a nada. Esta mujer era Penélope, la honrada nuera de Sísifo.

La mujer es como el cocodrilo, llora cuando ve que la presa se le escapa de la boca. Si el muralista Salvador Dali hubiese observado este drama, hubiera quedado convencido de la innata impermeabilidad que posee un verdadero solitario…A quien no seduce una mirada, un saludo, una lagrima?…Se puede decir que a todos los hombres…Salvo Pedrito, este ser invulnerable, a todo lo nocivo, petrificado por la dureza de las rocas que laceran su corazon, brunido por los fragores del incendio devorador de un escozor que todo lo derrite; pero que al unisono purifica; y en el horizonte de esta fusion termica se gesta una paz inconcusa, algo asi como un enfriamiento de los precarios debacles, como si fuera la misericordia estoica de los fuertes. Pedrito al sentir a Hellen muy cerca de 'el, no tuvo mas alternativa que posar su mano derecha asuso a la capite de ella, en una senal de apaciguamiento. Quizas se trataba de una tregua, o, una postergación. Nunca se supo.

Como quiera, lo identico hubiera hecho un aguila al ver a la asquerosa serpiente derrotada bajo su garra, le hubiera posado entonces su ala derecha sobre la cabeza, para indicarle que ya el combate habia terminado, con la seguridad de la derrota para ella. Es menester prevenir el peligro todo el tiempo, no se puede nunca fiar del enemigo. La joven no decia nada, seguia gimiendo, sus sollozos intermitentes por poco no le permitian respirar, y a menudo cabeceaba repetidas veces, casi ahogandose con su fluidoso planto…Que inclinada al llanto es la mujer…Hellen se llevo' los punos de sus 2 manos a las cuencas opticas para que 'el no la viera llorar. Su nariz fina coloreo'se de matiz rojo debido a una transfusión sanguinea del "kardio" a la cara. Sus mejillas a la par, cruorizaron de un rojo bermejo similar a la flor del oloroso clavel, cuya lozana apariencia cohonesta la neque de la salud.

A pesar de que Hellen fue criada en una sociedad aristócratica, rodeada de gente rica, y de mucha pompa, sus cualidades innatas se ofrecian al publico en una via de inapetencia hasta rayano a la anorexia por la sociedad; sin embargo, ella aun acunaba esas condiciones tipicas que algunas veces resucitan en la hembra esas afecciones filantropicas que la inducen a relacionarse con el vulgo. De hecho ella nunca hubiera querido amar a Bartolito; pero desafortunadamente se enamoro' en cuanto lo vio' la primera vez. Y ahora demandaba carino en reciprocidad de su grave error.

A menudo se preguntaba ella misma por que' aquel hombre que habia elegido para padre de su hijo era tan asceta y tan rudo?...Al compararlo con otros machos, lo hallaba demasiado diferente...Ella jamas habia conocido un joven asi...Se sentia confusa ante esta situación ambivalente. Ella, la nieta de Jorge Bullshit, desde la edad infantil, habia sido siempre mimada y complacida en todos sus antojos; sin embargo, ahora al chocar contra la muralla fria impenetrable de Pedrito, se sentia frustrada...Que podia hacer pues?...Nada...Unicamente le quedaba un camino si queria triunfar sobre su amado. Debia doblegarse. Ella no era una experta en el arte de amar; pero tampoco era una imbecil...No existen mujeres idiotas; ella no son inteligentes; pero no son cretinas. Ellas cuando anhelan algo, saben muy bien como recabarlo...Por ahora Hellen Bullshit debia de esperar...En la paciencia reside toda la sabiduría de la vida...El tiempo es el mayor calculador que existe.

Hele ahí que el patente contacto que ejercia ahora con el supuesto padre de su futuro bebe', la transformaba en una dama dócil, tratable, catecumena. En verdad ella hubiera dado cualquier cosa por equilibrar las fuerzas con 'el; pero no era el momento apropiado. Por si fuera poco, se sentia con animo de entablar una charla parsimoniosa con 'el; y estaba dispuesta a prescindir de las pautas que rigen la conducta convencional de la familia, y entregarse a una platica romantica donde se culminara con el anhelado coito. En realidad lo habia extranado mucho, 'el era el unico hombre que la desquiciaba. Ahora que lo tenia entre sus brazos, se sentia la mujer mas feliz del ecumene.

ଔ

Los fotones cuanticos viajan en parejas; cada particula es la imagen especular de su companera.

ଔ

Pero el hijo de Fela no estaba completamente libre; todavía estaba bajo la custodia del departamento de Inmigración ruso. Alli lo tenian detenido en un edificio viejo de ladrillos pintado de amarillo. No se sabe a ciencia cierta por que' dicen la psicologa Goldie Salenkhan que el tinte "CROCEUS" se puede definir como algo inolvidable; por ello, los vendedores de propiedades siempre que pretenden negociar una propiedad, impregnan en sus rotulos de propagandas letras con color amarillo con el simple objeto de grabar en la mente del adquisidor, algun especifico recuerdo que lo haga reflexionar en el asunto. El famoso "BROKER" Carlos Monson, conoce demasiado de estas tecnicas...La bella Cleopatra al punto que se desposo' con su amado Julio Cesar, vestia a la sazon un elegante atuendo matiz amarillo, para acentuar en la memoria de su amado, imborrables reminiscencias...Tambien el punal que hirio' de muerte a Cesar, tenia el cabo pintado de girasol.

Ya de antemano, el Servicio Secreto de Rusia, la (K.G.B.), se habia enterado que el muchacho era muy valioso para las relaciones diplomaticas entre Rusia y Estados Unidos; y no tenian ningun interes en dejarlo libre para que no se les escapara. Por consiguiente, no lo mantenian totalmente cautivo; sino como una especie de internado donde podia recibir visitas, y andar libremente dentro de la periferia de la arquitectura. He aquí que a poco la nieta de Jorge Bullshit reacciono' del letargo en que se hallaba, y miro' a su alrededor y vio' alli a Eva Contreras que no le quitaba la vista de encima. No le gusto' nada aquella impresión, se aparto' unos 2 decímetros de Pedrito.

La joven de Cruces usaba en ese instante un juego de pantalones color crema, de camisa abotonada, y tacones altos. Su cabello lo exhibia bien peinado, partido en 2 partes, que caian a ambos lados de su hermosa cara. El mayor empeno de la "gune" es siempre agradar. Poco importa que la victima masculina sea un hombre casado, o, soltero con compromiso para casarse; no importa, es mejor asi, nada causa mas excitación a una empresa que una leve resistencia…Ay, ay, ay, para conseguir su proposito la hembra aleve no respeta ni a los casados, ni a los comprometidos…A cada segundo la mujer anda insidiando la oportunidad de recabar el uno y el otro; y a los 2 les inyecta el veneno por igual…Ya se ha dicho que hasta la dura piedra se ahueca bajo la constante destilación de una gota de agua que se precipite sobre ella…Esta demas confesar que la culpa de todo este oprobio lo posee el propio hombre; por cuanto a que permite colocar la roca debajo del chorro de agua…he aquí que el filosofo se cuida mucho de no involucrar la piedra y el agua. Procura a ultranza evitar, por industria de su temperamento misogeno, 3 cosas brillantes y sonoras: la gloria, la riqueza, y las damas…Esta ultima ya sabe 'el cuan perjudicial es su influencia para el desenvolvimiento de su vida…Gozar a la mujer no es lo exacto que amarla.

El celebre astronomo Nostradamus, una vez le vaticino' a Catalina de Medecis, que habia tenido un sueno bastante raro la noche anterior; en el cual, veia a un leon joven exterminar a un leon viejo...La confirmacion del sueno se produjo cuando el rey Enrique II, marido de Catalina, y querido de Diana de Poitier, murio' en un torneo de exhibición...En este punto algunos historiadores convergen en que la viuda reina sintio' profundamente la defunción de su marido, y otros lo niegan...Como quiera, lo cierto es que de inmediato cambio' el emblema nacional por otro:"LORS QUE SERPENS VIEW DRONT CIRCUIR L' ARE."

CAPITULO   XX

Por su parte, Hellen llegaba vestida de ropas sencillas de maternidad. Se trataba de una bata amarilla amplia para que no le estorbara la barriga que todos los dias crecia un milimetro. Las 2 mujeres se escrutaron mutuamente, y Pedrito quedo' estatico. Eva le miro' la prenez de Hellen, y de inmediato adivino' que aquella mujer buscaba lo mismo que ella. Ella no hablo' nada, Hellen fue la prmera que comenzo' el dialogo.

--Hola!—Hablo' en idioma español, pues colegia en su coleto que Eva era latina.

--Hola!---Respondio' Eva tartajeando. Una corriente nerviosa electrifico' todo su cuerpo, no entendia el por que'?

---Quien eres tu'?—Interrogo' Hellen.

---Yo soy Eva Contreras, la novia de 'el desde hace bastante tiempo, naci en Cruces, Cuba, en una morada aledana a la casa de 'el, yo conozco a sus padres como si fueran los mios...---Indico' al hijo de Fela que aun continuaba petrificado. Jamas hubiera pensado que después de tantos sinsabores sufridos, se le fueran a aparecer alli en Rusia aquellas 2 mujeres. 'El no hablaba parecia una estatua de marfil. Hellen observo' a Bartolito con sumo desprecio. Luego se encaro' con Eva.

----Yo soy Hellen Bullshit, norteamericana, del mejor pais del mundo, la madre del hijo que llevo de 'el aquí en mi vientre.---Se palpo' el estomago con ambas manos. Eva oteo' de soslayo al vastago de Juan. Este descendio' la mirada al piso, continuaba mudo.Se parecia al Diadumeno de Policleto. ---Yo vine hasta aquí para buscarlo, tiene que casarse conmigo. Yo vengo de una familia muy distinguida y honorable. El conmigo no va a pasar ningun tipo de trabajo, vivira' como un rey, y se le otorgaran todos los honores que se le corresponde. Si se va contigo a Cuba se va a morir de hambre, lo exacto que si se queda aquí en Rusia...

---Tal vez en Cuba se muera de hambre; pero es amado por todos sus seres queridos.---Contesto' Eva en todo severo.---El amor vale mucho mas que todo el oro del orbe; porque nunca he visto a nadie que se lleve su fortuna al otro mundo...

---Quizas tu' tengas razon, no lo dudo; pero vale mas asegurar esta vida; por si acaso en la otra nos va mal; y siempre que se establezca una armonia entre el mal y el bien, estamos seguros. Yo anhelo lo mejor para mi familia, por ello ansio que mi hijo no nazca huerfano. Yo quiero mucho a Pedrito, y deseo a toda costa que venga conmigo.

---Yo no voy a ir a ningun lado contigo, ya te dije una vez que yo no soy el padre de tu "baby".---Tercio' el hijo de Fela inmiscuyendose de lleno en aquella conversación. Eva se sintio' asombrada por aquella espontanea respuesta. Hellen escruto' a Pedrito con mirada fulminante. ..Ay, ay, ay, amor puro procura no perdonar nada...La nieta de Jorge Bullshit al ver aquella reaccion de su amado, y ponerla en ridiculo delante de la otra; oteo'a Pedro con rabia, pero nunca con odio; ahora se daba cuenta clara que todo su amor por 'el era lo mismo que una ilusion pasajera. Aquel hombre seguia siendo mas inaccesible para ella…Hasta cuando debia de soportar aquel odioso desden?..De hecho 'el no habia nacido para ella. Cada vez que lo tenia cerca, el funesto hado se lo llevaba lejos… Que agonia es amar sin ser correspondido!...Por primera vez penso' en la muerte; esta seria la solucion para todos sus problemas. Pero y el "BABY" que acarreaba en su vientre?...En ese momento se pregunto' en su coleto, como habia surgido tal idea en su mente?..Sacudio' fuerte la cabeza, la idea mala desaparecio' espontáneamente, y una nueva esperanza otra vez en su turbada testa…Si, debia recurrir al ruego.

 ---Pitagoras, please, do not let me down in front of this woman!---La voz de Hellen sonaba lastimosa, acrisolada de sinteticos acentos similares a aquellos "LEIT –MOTIV" sinfonicos con los cuales Cesar Franck, obtenia unidades ciclicas en una composición musical…Para aquel que oye estas bilaterales notas musicales, debe de causarle grima, y cripticas incentivaciones que le trituran el alma…Por industria del hado divino, todos los seres humanos tienden a presumir una aptitud "ABORIRI" ante la funesta desgracia que los envuelve con su manto pernicioso. Ella a pesar de todo, comprendia la actitud hostil de 'el para con ella; no era el mismo que conocio' al principio en la casa de Sofia; ahora que volvia a verlo, su rostro lucia diferente, no era en algun modo dulce. No era la tierna faz de alguien que hubiera vivido mucho tiempo en el seno de una familia amorosa…No, nunca aquel apolineo rostro iba a vover a ser feliz. Era en realidad el semblante de alguien que habia sido arrancado violentamente de la armonia del hogar, y aventado impiamente a los desiertos del dolor y la desgracia.

 ---No me hables ingles, habla español para que todos nos entiendan. Yo estoy en Rusia, no en los Estados Unidos. Eva oyo' el nombre de Pitágoras, y de pronto se extrano', penso' que al hijo de Fela le habian puesto ese nombre en U.S.A.

---Pitagoras,---Repitio' Hellen, ---no seas terco, 'este nino que pronto va a nacer es tuyo.....

---Un momento!---Grito' una voz desconocida a las espaldas de ellos 3. Se trataba de la prostituta que se habia acostado con Bartolito en Miami. Los 3 voltearon el rostro, y miraron a la mujer que lentamente taconeando se acercaba a ellos. Una lividez fuera de lo comun, afloro' a la facie del hijo de Juan..."Que hacia aquella mujer alli?"... Penso' Bartolito, y ademas llegaba prenada. Todos sus sentidos rapidamente comenzaron a funcionar aceleradamente. La joven venia ataviada como una prostituta, falda corta, blusa escotada, y sendos tacones. Lucia bello su rostro con espejuelos oscuros, y el cabello lo exteriorizaba peinado de una manera exotica; parecia una fiera.

---Quien eres tu'?---Inquirio' Hellen mas estupefacta que nunca. La recien llegada se arrimo' mas a ella. De pronto, la forastera se quito' la peluca de la cabeza, los lentes opacos, y mostro' al publico su verdadera identidad.---Oh, eres tu'!---Exclamo' Hellen anonadada. Bartolito tambien se quedo' inerte.---Que' haces aquí?

---Lo mismo que tu', vine a buscar al padre de mi hijo...

---Quien es?

---El.---Asevero' Susan señalando a Pedrito.

---Como asi? Que' hipas decir?---Respingo' Hellen oteando al hijo de Fela.---No lo puedo creer!

---Pues si, creelo.—Adujo Susan.---te contare' todo. Te recuerdas aquel dia 28 de Septiembre en que me rogaste que te consiguiera el semen de Pitágoras al precio que fuera, porque tu querias tener un nino de 'el?---Hellen cintinuo' en la misma postura de estupefacción en que estaba. Susan prosiguio' su arenga.---Bueno, ese dia yo recibi tu dinero, y sali a buscar una prostituta que me hiciera el favor; pero yo tambien estaba enamorada de Pitágoras, y pense' que no era mala idea disfrazarme de cortesana y provocar a este galan. Pero como no me gusta dividir entre 2, a ti te di el semen de un indigente, y yo me quede' con el de Pitágoras…

Hellen Bullshit perdio' el juicio, la ira usurpo' todo su cerebro, la sensatez dejo' de funcionar, y se lanzo' como una flecha sobre el cuello de Susan, quien al ver aquella fiera que venia hacia ella, huyo'; Pedrito quiso interceptar a Helle, pues se dolia de la desventura de la joven; mas ella ya acababa de perder el jicio, y se arrojo' sobre 'el, 'este al verse atacado, involuciono' hacia atrás varios pies, se vio' en el borde del descanso de la escalera, perdio' el control del equilibrio, trataba de agarrarse del aire; pero no pudo, Hellen por su parte al verlo que caia al vacio, emitio' un grito de horror, Susan tambien, y Eva, las 3 hembras al unisono se taparon las bocas, ampliaron las cuencas opticas en exoftalmia, un matiz rojo afloro' a sus palidas mejillas; mas no pudiedron auxiliarlo, y Pedrito se precipito' de espaldas al vacio de la pendiente. Alli cayo' inerte sin poder moverse, mero sus ojos miraban hacia arriba a aquellas 3 mujeres que habian constituido el infortunio de su vida. Susan por su parte, tratando de defender al verdadero padre de su hijo, , desciende los escalones a toda la velocidad que puede, a medida que ululaba clamores de salvacion. En tanto Eva no sabia que hacer, y su primer cuidado fue correr hacia fuera a pedir auxilio. Hellen quedo' alli petrificada.

En seguida concurrieron los guardias que custodiaban al guajiro de Potrerillo, lo levantaron en peso, y corriendo lo acarrearon al exterior del edificio, lo montaron en un "jeep" del ejercito y lo trasladaron al hospital militar. El dictamen final del medico que examino' a Pedrito, fue abrumador; muy lacónicamente expuso que el joven quedaria paralitico para toda su vida.

Ay, ay, ay, cuando el funesto destino se empena en destruir la vida de un hombre, se manifiesta de una manera proteica, primero se muestra afable, se presenta como un Prometeo de luz que ilumina todo lo oscuro, la salvacion esta' en sus manos, la felicidad aparentemente perpetua se exhibe a sus pies como un lecho de rosas blancas; todo lo inanimado recobra vida, la multitud insapiente y desdenosa por saber, se exterioriza ambigua, la evidente beatitud que porta el salvador olimpico es aceptada con jubilo dentro de aquella turba inconsciente, un fuego dentro de una cana hueca es concedida al vulgo ignorante que lo destruye todo, es la luz universal que lo alumbra todo; pero este esplendor curuscante, fue hurtado del paramo olimpico donde reinan, según dicen, las virtuales virtudes. Y c'omo es posible entonces que la obra altruista de un solo hombre que quiso hacer el bien a la humanidad, haya podido enaltecer la furia de Zeus, y haya decidido castigar a los miseros hombres con la pesencia aleve de la tragica mujer?...Oh, maldita intelección de la sapiencia humana; funesto fin de la obra de Prometeo!...Como podra el desgraciado hombre por muy asceta que quiera ser, prevenir la influencia femenina si en su misma sangre acarrea ingenito 23 cromosomas femeninos?...Oh tremebundo torbellino que lo truecas todo y un dia elevas las tornatiles esperanzas humanas hasta la cúspide de un otero, y luego las precipitas a las fosas lugubres del abismo, las agitas a tu antojo y muchas veces las transformas en elegiacas ilusiones!

Oh, Meles! Primeramente te fue arrebatado Homero, esa boca sonora de Caliope! Dicen que lloraste con ondas gemebundas a aquel hijo ilustre, y que con tu llanto llenaste todo el mar; y ahora de nuevo lloras a otro hijo, y te consumes en un duelo lamentable. Ambos eran amados de los manantiales, bebia el uno en la fuente Pegasida, y el otro en la fuente Aretusa. El uno canto' a la bellisima hija de Tindaro, y al gran hijo de Tetis, y al Atrida Menéalo. El otro no canto' batallas ni lagrimas; pero cantaba a Pan y celebraba a los pastores, y apacentaba a los rebanos cantando; hacia flautas y ordenaba a las dulces becerras; ensenaba besos a las jóvenes, calentaba a Eros en su seno, y complacia a Afrodita.

Epitafio de Bion.

œ

Alla en las laderas montanosas de Potrerillo, donde un parsimonioso rio atraviesa la cordillera del Escambray, el resplandeciente sol ufano ilumina toda la campina, y el aire fresco sopla con una lentitud determinada, un joven bello, mas bello que Adonis, se hallaba paralitico sentado en un sillon de ruedas, contemplando el arrebolado panorama campestre que se exhibia delante de 'el; a su alrededor, una madre y un padre mostraban el rostro esplinetico; mas sin embargo, el joven se veia feliz.

Fin.